教育部高等农林院校理科基础课程
教学指导委员会审定教材

高等农林教育“十三五”规划教材

分析化学实验
Experiments in Analytical Chemistry

许　辉　李金梅　主编

中国农业大学出版社
·北京·

内容简介

本书是教育部高等农林院校理科基础课程教学指导委员会审定教材之一，同时也是全国高等农林教育“十三五”规划教材。全书共13章，主要包含如下内容：分析化学实验的基础知识、分析天平与称量、滴定分析仪器及基本操作、酸碱滴定法、配位滴定法、氧化还原滴定法、沉淀滴定法、重量分析法、吸光光度分析法、电位分析法、气相色谱分析法、液相色谱分析法、原子吸收分光光度法。本书可供高等农林院校的有关专业参考使用，每类实验和仪器可根据不同专业、不同层次的具体需要，供教师灵活选择运用。

图书在版编目(CIP)数据

分析化学实验／许辉，李金梅主编．—北京：中国农业大学出版社，2017.7
(2024.5 重印)
ISBN 978-7-5655-1862-1

Ⅰ.①分…　Ⅱ.①许…②李…　Ⅲ.①分析化学-化学实验　Ⅳ.①O652.1

中国版本图书馆 CIP 数据核字(2017)第 163527 号

书　　名　分析化学实验
作　　者　许　辉　李金梅　主编

策划编辑　梁爱荣　潘晓丽　　**责任编辑**　冯雪梅
封面设计　郑　川　李尘工作室　　**责任校对**　王晓凤
出版发行　中国农业大学出版社
社　　址　北京市海淀区圆明园西路2号　　**邮政编码**　100193
电　　话　发行部 010-62818525，8625　　**读者服务部** 010-62732336
　　　　　编辑部 010-62732617，2618　　**出　版　部** 010-62733440
网　　址　http://www.cau.edu.cn/caup　　**E-mail**　cbsszs@cau.edu.cn
经　　销　新华书店
印　　刷　北京鑫丰华彩印有限公司
版　　次　2017年8月第1版　　2024年5月第4次印刷
规　　格　787×1 092　　16开本　　10.25印张　　250千字
定　　价　28.00元

图书如有质量问题本社发行部负责调换

编 写 人 员

主　　编　许　辉　李金梅

副 主 编　平贵臣　刘利平

参编人员　（按姓氏笔画排序）

平贵臣　许　辉　刘利平

李金梅　杨秋林

出版说明

在教育部高教司农林医药处的关怀指导下，由教育部高等农林院校理科基础课程教学指导委员会（以下简称“基础课教指委”）推荐的本科农林类专业数学、物理、化学基础课程系列示范性教材现在与广大师生见面了。这是近些年全国高等农林院校为贯彻落实“质量工程”有关精神，广大一线教师深化改革，积极探索加强基础、注重应用、提高能力、培养高素质本科人才的立项研究成果，是具体体现“基础课教指委”组织编制的相关课程教学基本要求的物化成果。其目的在于引导深化高等农林教育教学改革，推动各农林院校紧密联系教学实际和培养人才需求，创建具有特色的数理化精品课程和精品教材，大力提高教学质量。

课程教学基本要求是高等学校制定相应课程教学计划和教学大纲的基本依据，也是规范教学和检查教学质量的依据，同时还是编写课程教材的依据。“基础课教指委”在教育部高教司农林医药处的统一部署下，经过批准立项，于2007年底开始组织农林院校有关数学、物理、化学基础课程专家成立专题研究组，研究编制农林类专业相关基础课程的教学基本要求，经过多次研讨和广泛征求全国农林院校一线教师意见，于2009年4月完成教学基本要求的编制工作，由“基础课教指委”审定并报教育部农林医药处审批。

为了配合农林类专业数理化基础课程教学基本要求的试行，“基础课教指委”统一规划了名为“教育部高等农林院校理科基础课程教学指导委员会推荐示范教材”（以下简称“推荐示范教材”）。“推荐示范教材”由“基础课教指委”统一组织编写出版，不仅确保教材的高质量，同时也使其具有比较鲜明的特色。

一、“推荐示范教材”与教学基本要求并行 教育部专门立项研究制定农林类专业理科基础课程教学基本要求，旨在总结农林类专业理科基础课程教育教学改革经验，规范农林类专业理科基础课程教学工作，全面提高教育教学质量。此次农林类专业数理化基础课程教学基本要求的研制，是迄今为止参与院校和教师最多、研讨最为深入、时间最长的一次教学研讨过程，使教学基本要求的制定具有扎实的基础，使其具有很强的针对性和指导性。通过“推荐示范教材”的使用推动教学基本要求的试行，既体现了“基础课教指委”对推行教学基本要求的决心，又体现了对“推荐示范教材”的重视。

二、规范课程教学与突出农林特色兼备 长期以来各高等农林院校数理化基础课程在教学计划安排和教学内容上存在着较大的趋同性和盲目性，课程定位不准，教学不够规范，必须科学地制定课程教学基本要求。同时由于农林学科的特点和专业培养目标、培养规格的不同，对相关数理化基础课程要求必须突出农林类专业特色。这次编制的相关课程教学基本要求最大限度地体现了各校在此方面的探索成果，“推荐示范教材”比较充分反映了农林类专业教学改革的新成果。

三、教材内容拓展与考研统一要求接轨 2008年教育部实行了农学门类硕士研究生统一入学考试制度。这一制度的实行，促使农林类专业理科基础课程教学要求作必要的调整。“推荐示范教材”充分考虑了这一点，各门相关课程教材在内容上和深度上都密切配合这一考试制度的实行。

四、多种辅助教材与课程基本教材相配 为便于导教导学导考，我们以提供整体解决方案的模式，不仅提供课程主教材，还将逐步提供教学辅导书和教学课件等辅助教材，以丰富的教学资源充分满足教师和学生的需求，提高教学效果。

趁着即将编制国家级“十二五”规划教材建设项目之机，“基础课教指委”计划将“推荐示范教材”整体运行，以教材的高质量和新型高效的运行模式，力推本套教材列入“十二五”国家级规划教材项目。

“推荐示范教材”的编写和出版是一种尝试，赢得了许多院校和老师的参与和支持。在此，我们衷心地感谢积极参与的广大教师，同时真诚地希望有更多的读者参与到“推荐示范教材”的进一步建设中，为推进农林类专业理科基础课程教学改革，培养适应经济社会发展需要的基础扎实、能力强、素质高的专门人才做出更大贡献。

中国农业大学出版社

2009年8月

前　言

党的二十大报告中提出："坚持为党育人、为国育才，全面提高人才自主培养质量""加强教材建设和管理""深入实施人才强国战略。培养造就大批德才兼备的高素质人才，是国家和民族长远发展大计"。

分析化学实验教学在高等农林院校的专业教学中占有极大的比重和地位。它一方面是为了让学生更好地理解和掌握理论教学的内容，另一方面，更重要的是为了培养学生的各种能力（包括获取有关的知识、操作技能、使用现代仪器设备能力、观察能力、科学研究和创新能力、独立处理和解决问题的能力等）以及培养学生严谨规范、认真求实的科学精神。化学实验教学是培养高素质专业人才不可或缺的重要环节。

本书是教育部高等农林院校理科基础课程教学指导委员会审定教材之一。本实验教材是配合内蒙古农业大学 2016 版本科生培养方案及内蒙古农业大学分析化学教学团队所承担的教改课题内容，特别是经过老师们多年教学实践和研究后，结合了以往使用教材的优点，并充分吸收近年来高等农林院校化学类课程教学研究和实验教学改革成果编写的。

本书内容具有如下特点：

1. 合理选择实验内容。将化学分析实验、仪器分析实验内容合理取舍，使各部分实验内容所占比例更科学、合理。

2. 增加教材的实用性。教材的内容基本上都与教学中为学生开出的实验配套。重新设计了一些具有知识性、趣味性、实用性的实验内容，使实验内容更贴近生产、生活和科研实际。剔除了那些陈旧、过时、重复性差和一般实验室难以开展的实验内容。

3. 注重基础训练。本教材的内容包括化学学科的基本实验、基本实验操作和实验技能训练，旨在为学生打下扎实的实验基本功和标准化的实验操作技能以及为学生进行综合实验和设计实验乃至走向社会打下坚实的基础。

4. 拓宽获取信息的途径。加入了一些实验基本操作、实验内容、实验所用到的仪器操作的相关视频及拓展新信息，学生可以通过扫描二维码方便地预习实验内容。

5. 使用本书时，可根据教学进度和教学大纲内容的要求进行取舍、组合，不必拘泥于教材的编写顺序。

6. 本书适用于高等农林院校与化学学科密切相关的诸如生命科学、农学、草学、畜牧学、兽医、食品科学与工程、林学、制药、动物营养学、林产化工等专业及其他相关专业使用。

本书编写分工如下：许辉编写第 1 章；杨秋林编写第 2 章、第 3 章、附录；刘利平编写第 4 章、第 5 章、第 6 章；李金梅编写第 7 章、第 8 章、第 9 章、第 10 章；平贵臣编写第 11 章、第 12 章、第 13 章。本书由许辉、李金梅担任主编，对全书进行组织、审阅、修改，最后通读和审定。

本书编写过程中，得到教育部高等农林院校理科基础课程教学指导委员会推荐示范教材编审指导委员会、中国农业大学出版社、内蒙古农业大学的指导和支持，在此一并致谢。

本书中二维码内容标注*的部分引自王英华、魏士纲、徐家宁主编的《基础化学实验化学分析实验分册》第 2 版（高等教育出版社出版），特此致谢。

由于编者水平有限，书中难免存在错误和不当之处，敬请广大读者和同行专家批评指正，以使本教材得以不断完善。

编　者

2024 年 5 月

目录 CONTENTS

Chapter 1 第 1 章

分析化学实验的基础知识

第一节　分析化学实验的目的和要求

一、实验目的

分析化学实验是一门与分析化学理论课紧密结合又独立设置的基础实验课程。学生通过分析化学实验课的学习，可以加深对分析化学基础理论、基础知识的理解，能够规范和较熟练地掌握分析化学实验基本技能和基本操作。学生通过实验应达到下述目的：

(1)巩固、扩大和加深对分析化学基本理论的理解，做到理论联系实际。

(2)正确、熟练地掌握分析化学实验的基本操作与技能，学习、掌握典型的分析方法。

(3)确立严格的"量"的概念，了解并掌握影响分析结果的关键环节，学会正确、合理地选择实验条件和实验仪器，以保证实验结果的可靠性。

(4)通过综合设计实验，训练和考察独立分析、解决问题的能力。

(5)培养严谨和实事求是的科学作风，以及认真、细致、整洁有序的良好科学习惯。

二、实验要求

分析化学实验课程要求学生做到以下几点。

(1)实验前必须认真预习。通过预习领会实验原理，了解实验步骤和注意事项，做到心中有数。实验前可以先写好实验报告的部分内容，包括题目、日期、实验目的、原理简介，列好表格，查阅相关数据，以便实验时及时、准确记录和处理数据。预习途径：①以本教材为主预习；②基本实验可以扫描二维码，观看相关视频预习。

(2)实验基本操作必须规范化(可参考内蒙古农业大学《分析化学》、内蒙古自治区精品课程中"分析化学实验基本操作视频"及其他文献资源)。实验中要仔细观察实验现象，要善于思考，学会运用所学理论知识理解实验原理、解释实验现象、思考并解决实验中出现的问题。实验中要及时记录实验数据，并保持实验台和实验室的整洁。

(3)实验结束前要检查自己实验数据是否齐全，实验误差是否符合要求，是否需要补做实验。要认真做好数据处理工作。实验报告撰写内容的繁简，应根据每个实验的具体情况而定，以清晰、简练和整洁为原则。具体要求如下：

①原理简介，可用方程式、框图、箭头加文字表达。

②实验步骤，可用箭头加文字简明表达。

③保留完整的原始记录，尽量整齐，防止涂改。实验报告中特别要注意有效数字及计算规则的运用，量的符号、表达、书写方式和单位使用均要求规范化。

④数据处理。数据表中的表序、表头、表中数据和表注等要求规范、完整。计算公式要附在表注中。表中的原始数据、计算结果、误差和偏差的表达均要求按有效数字的记录、修约和运算规则科学地进行数据处理。

⑤有关内容讨论。

⑥思考题解答。

第二节　仪器分析实验的基本要求

(1)了解有关分析方法及其仪器结构的基本原理、仪器主要部件的功能、操作程序和应注意的事项。

(2)学会正确使用仪器。要在教师指导下熟悉和使用仪器，勤学好问，未经教师允许不得随意开动或关闭仪器，更不得随意旋转仪器旋钮，改变仪器工作参数。

(3)了解有关分析方法的特点、应用范围及局限性。学会根据试样情况选择最合适的分析方法及最佳实验条件。

(4)掌握有关分析方法的分析步骤和对实验数据进行处理的方法。

(5)爱护实验室的仪器设备。实验中如发现仪器工作不正常，应及时报告教师处理。每次实验结束，应将所用仪器复原，罩好防尘罩，清洗好用过的器皿，整理好实验室。

第三节　实验安全知识

对于化学学科来说，实验室既是教与学的课堂，也是理论与实践相结合的场所。在进行化学实验时，经常使用水、电、各种化学药品、电气设备、玻璃仪器和相关的仪器设备。如果不了解化学药品的理化性质、操作失误、违反仪器使用规程等都会给实验室及实验操作人员带来很多不安全因素。因此，在思想上要高度重视实验室安全，在进行化学实验前，要了解和掌握必要的实验室安全知识，防患于未然。

一、实验室安全守则

(1)实验前要了解电源、消防栓、灭火器、紧急洗眼器和紧急淋洗器的位置及正确的使用方法，了解实验室安全出口的方位和紧急情况时的逃生路线。

(2)实验时要身着长袖、过膝的实验服,不准穿拖鞋、大开口鞋和凉鞋。不准穿底部带铁钉的鞋。

(3)长发(过衣领)必须束起或藏于帽内。

(4)做实验期间必须戴防护镜。

(5)实验室内严禁饮食、抽烟,一切化学药品严禁入口,离开实验室前要用肥皂洗手。

(6)水、电、煤气使用完毕后,应立即关闭。

(7)浓酸、浓碱具有强腐蚀性,切勿溅在皮肤和衣服上。用浓 HNO_3、HCl、$HClO_4$、H_2SO_4 等溶样时均应在通风橱中操作,不准在实验台上直接进行加热。

(8)汞盐、钡盐、铬盐、As_2O_3、氰化物及 H_2S 气体均有毒,使用时要特别小心。氰化物与酸作用,放出 HCN 有剧毒,严禁在酸性介质中加入氰化物!

(9)分析天平、分光光度计、酸度计等是化学分析实验室中常用的精密仪器,使用时应严格按照操作规程进行操作。用后应将仪器各部分旋钮恢复到原来位置,拔去插头。

(10)不许将称量瓶中的药品洒落在托盘内或台面上。

(11)实验时不得大声喧哗。实验物品要摆放整齐、实验台面要干净。不能将毛刷、抹布扔在水槽中。禁止将固体物、玻璃碎片、废纸、火柴杆等扔入水槽内,以免造成下水道堵塞,此类物质应放入废纸箱或实验室规定的地方。废酸、碱等应小心倒入塑料提桶内,切勿倒入水槽内,以免腐蚀下水管道。

(12)使用煤气灯时应先将空气孔调小,再点燃火柴,然后一边打开煤气开关,一边点火。不允许先打开煤气灯,再点燃火柴。点燃煤气灯后,调节好火焰,用后立即关闭。

(13)使用电器设备时,切不可用湿润的手去开启电闸和电器开关;使用电热板时,要将其电源线整理好,并距离电热板 10 cm 以上,防止烫坏电源线而漏电;使用水浴锅加热时,要随时注意锅内的水位,以免烧坏加热元件。

二、实验室一般事故的紧急处理方法

学生在实验过程中难免会发生意外事故,轻度意外伤可以在实验室内进行紧急处理。因此,实验室要在显著、固定位置配备灭火器材、医药箱和紧急喷淋洗眼装置。在化学分析实验室,灭火器材主要有灭火器、灭火沙和灭火毯;医药箱内的医药用品主要有创可贴、烫伤膏、紫药水、云南白药、消炎粉、1%的硼酸溶液、2%的碳酸氢钠溶液、3%的双氧水、5%的高锰酸钾溶液、医用的纱布、剪刀、镊子、药棉、绷带和胶布等;紧急喷淋洗眼装置主要指立式复合紧急喷淋洗眼装置(包括喷淋系统和洗眼系统)和实验台式洗眼装置。

1. 火灾的紧急处理

实验过程中,如果发生起火,不要惊慌,要根据起火的原因采取合适的灭火方法和灭火器具。电器和导线着火时,首先要切断电源,然后用干粉灭火器灭火;乙醇着火时,可用水浇灭;乙醚等有机溶剂着火时,可用灭火沙灭火;衣服着火时,应就地滚动或去近处紧急喷淋洗眼装置处喷淋。常见的灭火器类型和灭火适用范围、使用方法见表 1-1。

如果火势蔓延,应及时报警,并在实验室教师的安排下做好人员疏散。

表 1-1 实验室常用灭火器类型、适用范围及使用方法

灭火器类型	主要成分	灭火适用范围	使用方法
泡沫灭火器	硫酸铝和碳酸氢钠;水解蛋白质;氟碳表面活性剂	非水溶性油类起火、可燃固体物质;不能扑救带电设备和醇、酮、酯、醚等有机溶剂发生的火灾	使用时先用手指堵住喷嘴将筒体上下颠倒两次,拔去保险销,压下压把就有泡沫喷出
二氧化碳灭火器	液态二氧化碳	乙醇、可燃气体、油类等可燃液体和电器设备等初起火灾;不适合固体类物质火灾	拔出保险销,一只手握住喇叭筒根部的手柄,另一只手紧握启闭阀的压把。使用时,不能直接用手抓住喇叭筒外壁或金属连线管,防止手被冻伤
干粉灭火器	磷酸铵盐、碳酸氢钠、氯化钠、氯化钾等	有机溶剂、可燃气体、石油和电器设备的初期火灾;不适合固体类物质火灾	上下颠倒几次,喷嘴对准燃烧最猛烈处,拔去保险销,压下压把
卤代烷灭火器	卤代烷,如四氯化碳	电器火灾、非水溶性油类	拔出保险销,一手握在喷射软管前端的喷嘴处,一手压下压把

2. 化学药品灼伤的处理

化学药品灼伤主要指酸灼伤和碱灼伤。如果不慎灼伤,应立即用大量清水冲洗,然后再做以下处理:酸灼伤,用2%的碳酸氢钠溶液冲洗;碱灼伤,用1%的硼酸溶液冲洗。最后,再用大量的清水冲洗。如果不慎溅入眼内,不管是酸或碱,都应用大量蒸馏水洗眼,然后送医院诊治。

3. 烫伤的处理

高温烫伤时,不要用水冲洗。如果伤处已经起水泡,也不要弄破水泡,要在伤处涂抹烫伤膏;如果伤口破裂,要用5%的高锰酸钾溶液擦拭,然后撒上消炎粉。烫伤较重时应及时送医院诊治。

4. 玻璃割伤的处理

如果不小心被玻璃划伤或扎伤,应先检查伤口里是否有玻璃碎片,如有,应挑出玻璃碎片。伤口较小,可用蒸馏水冲洗伤口,并用3%的双氧水消毒,再贴上创可贴或涂上紫药水;伤口较大较深、出血较多时,可用云南白药止血,经包扎后马上送医院处理。

第四节　化学试剂的取用和使用注意事项

一、化学试剂的取用

化学试剂在实验室分装时,一般把固体试剂装在广口瓶中,液体试剂或配制的溶液装在细口瓶或滴瓶中。见光易分解的试剂或溶液要放在棕色瓶内避光保存。试剂瓶上要贴上大小合适的标签,写上试剂的名称、规格或浓度及配制日期。

为保证化学试剂不受污染,在分取或配制溶液时要使用合适、洁净的工具和器皿。

1. 固体试剂

(1)固体试剂一般用干净的药匙取用,不能用手拿取。药匙的两端为大小两个勺,要根据取试剂的量来决定用大、小匙。用过的药匙要洗净、擦干后才能使用。

(2)试剂取出后,应立即盖紧瓶盖。如果试剂取多了,可放在指定容器内,决不允许倒回原瓶内。

(3)需要称量的固体试剂可放在称量纸或表面皿上称量;具有腐蚀性、强氧化性或易潮解、氧化和吸收 CO_2 的试剂应放在玻璃容器内称量。

(4)根据称量精确度的要求,选择合适的电子台秤或电子分析天平,且试剂和容器的总质量不能超出台秤或分析天平的量程。

(5)有毒试剂要在教师指导下取用。

2. 液体试剂

(1)从细口瓶中取用试剂时,要用倾注法。先取下瓶塞,反放在桌面上,用一只手的大拇指、食指和中指拿住容器或玻璃棒,用另一只手拿起试剂瓶,并使瓶上的标签对着手心,以免瓶口残留的少量液体顺瓶壁流下而腐蚀标签。瓶口紧靠容器或玻璃棒,逐渐倾斜瓶身,使倒出的试剂沿容器壁或玻璃棒流下。倒出需要的量后,慢慢竖起试剂瓶,使留在瓶口的试剂流回到瓶内,然后再盖上原瓶塞。如果试剂流到瓶外,要立即擦净,以免沾染标签。

(2)从滴瓶中取用试剂时,应先用手提起滴管离开液面,捏瘪胶帽赶出空气,然后再插入溶液中吸取试剂。滴加溶液时滴管要垂直,这样滴入液滴的体积才能准确;滴管口应距离容器口 5 mm 左右,以免与容器壁接触沾染其他试剂而污染。滴管不能倒持,以防试剂腐蚀胶帽而变质。

(3)定量取用试剂时,可根据准确度的要求选用量筒、移液管、吸量管和移液器。

(4)不能用自己的滴管直接取用公用试剂;如果试剂瓶不带滴管又要取少量试剂,可将试剂按需要量倒入干净、干燥的容器内,再用自己的滴管取用。

(5)打开易挥发试剂时,要在通风橱内进行,且不可将瓶口对准自己和他人。

二、化学试剂的保存和管理

化学试剂保管不当,会变质、失效,不仅造成浪费、对实验产生影响,甚至引起事故。因此,应该根据化学试剂理化性质的不同,以不同的方式妥善保管化学试剂。

1. 一般化学试剂

一般的化学试剂应保存在通风良好、干净干燥的房间内,防止水、灰尘和其他物质的污染,同时还要远离火源。

容易腐蚀玻璃而影响试剂纯度的试剂应保存在塑料瓶中,如氢氟酸、氢氧化钠等;见光易分解的试剂应放在棕色瓶中并置于暗处,如硝酸银、双氧水等;吸水性强的试剂,如无水碳酸盐、氢氧化钠、浓硫酸等应密封保存;挥发性的酸和氨水、氧化剂和还原剂等应分开存放,以免相互作用。

2. 强腐蚀性化学试剂

强腐蚀性化学试剂对物品和人体的皮肤、黏膜、眼及呼吸道等有着极强的腐蚀性,如硝酸、硫酸、盐酸、磷酸、冰醋酸、一氯乙酸、溴、氢氧化钠、硫化钠、二乙醇胺、水合肼、苯酚等，这些试剂应放在抗腐蚀性的台架上或靠墙地面处以保证安全。

3. 强氧化性化学试剂

强氧化性化学试剂主要是过氧化物、具有强氧化能力的含氧酸及其盐，如过氧化钠、过硫酸铵、硝酸钾、高氯酸及其盐、重铬酸及其盐、高锰酸及其盐和过氧化苯甲酸等。强氧化性化学试剂应保存在通风良好的阴凉环境中，并与炭粉、糖类和其他有机物等隔离存放。

4. 易燃易爆化学试剂

易燃易爆化学试剂是指以燃烧、爆炸为主要特性的可燃气体、易燃液体、易燃固体、自燃物品、遇湿易燃物品和混合危险物。可燃气体是指能够与空气（或氧气）相互混合达到一定浓度范围时，遇火燃烧或瞬间燃烧而发生爆炸的气体；易燃液体是指在闭杯试验中闪点不超过 60℃的液体；易燃固体是指常温下以固态形式存在，在受热、撞击、摩擦和接触氧化剂能燃烧的化学试剂，其燃点一般小于 300℃；自燃物品是指在外界不提供能量，靠自身发热使其温度升高达到自燃点而燃烧的物质；遇湿易燃物品是指接触水或吸收水分而发生剧烈反应，放出可燃气体和大量热量的物质；混合危险物品是指两种或两种以上物质接触或混合后发生燃烧或爆炸的物质，一般发生在强氧化剂和强还原剂之间。

易燃易爆化学试剂的保存和管理要注意以下几点：

(1)库房条件满足易燃易爆化学试剂的存放要求。

(2)熟悉化学试剂的理化性质、影响因素、危险等级和事故的处理方法，分区、分类、分库存放。

(3)禁止使用明火，也不能直接用加热器加热，并防止一切火花产生。

(4)实验室保持阴凉通风，控制合适的干湿度，并远离热源。

(5)设置消防安全设施，定期保养、校验。

(6)强氧化剂和强还原剂分开存放。

(7)避免日光照射。

(8)禁止使用无标签的试剂。

(9)使用必要的个人防护用具。

(10)经常打扫卫生，地面无漏洒化学药品。

5. 剧毒性化学试剂

剧毒性化学试剂，如氰化物、砒霜、氯化汞等，应专柜存放在专有固定的位置，并严格实行双人收发、双人记账、双锁、双人运输、双人使用的“五双”制度。使用时，需履行一定的手续，严格做好记录，以免发生事故。

6. 易制毒化学试剂

根据《易制毒化学品管理条例》(国务院令第 445 号)规定，易制毒化学品共分三类、23 种试剂。易制毒化学品的分类和品种见表 1-2。

易制毒化学试剂在取用和保管中应严格按照《危险化学品安全管理条例》(国务院令第 591 号)的规定执行，并网上申报、审批和接受公安机关的监管。

表 1-2 易制毒化学品品种及分类

分类	品种
第一类	1. 1-苯基-2-丙酮 2. 3,4-亚甲基二氧苯基-2-丙酮 3. 胡椒醛 4. 黄樟素 5. 黄樟油 6. 异黄樟素 7. N-乙酰邻氨基苯酸 8. 邻氨基苯甲酸 9. 麦角酸* 10. 麦角胺* 11. 麦角新碱* 12. 麻黄素、伪麻黄素、消旋麻黄素、去甲麻黄素、甲基麻黄素、麻黄浸膏、麻黄浸膏粉等麻黄素类物质*
第二类	1. 苯乙酸 2. 醋酸酐 3. 三氯甲烷 4. 乙醚 5. 哌啶
第三类	1. 甲苯 2. 丙酮 3. 甲基乙基酮 4. 高锰酸钾 5. 硫酸 6. 盐酸

注:1. 第一类、第二类所列物质可能存在的盐类,也纳入管制。
2. 带有*标记的品种为第一类中的药品类易制毒化学品,第一类中的药品类易制毒化学品包括原料药及其单方制剂。

三、试剂的规格

化学试剂的规格(或级别)是以其中含杂质的多少来划分的。通用试剂是化学实验室最普遍使用的试剂,一般可分为四个等级,其规格、标志和适用范围见表 1-3。

表 1-3 化学试剂等级对照表

我国化学试剂等级标志					德、英、美等国,通用等级和符号
级别	名称	符合	标签颜色	主要用途	
一级品	优级纯(保证试剂)	G. R.	绿	精密分析实验	G. R.
二级品	分析纯(分析试剂)	A. R.	红	分析实验	A. R.

续表 1-3

我国化学试剂等级标志					德、英、美等国，通用等级和符号
级别	名称	符合	标签颜色	主要用途	
三级品	化学纯	C. P.	蓝	一般化学实验	C. P.
四级品	实验室试剂	L. R.	黄等	辅助试剂	
	生物试剂	B. R. C. R.	黄等	生物化学、医学化学实验	

此外，还有一些特殊用途的所谓高纯试剂，如基准试剂、光谱纯试剂、色谱纯试剂等。这些试剂根据实验要求都具有一定的标准，例如：

(1)基准试剂　用作滴定分析的基准物质，标定溶液或直接配制标准溶液。其纯度高于或相当于优级纯，瓶签为浅绿色。

(2)光谱纯试剂　用作光谱分析中的标准物质，其杂质含量用光谱分析法已检测不出或低于某一限度。

(3)色谱纯试剂　用作色谱分析的试剂，其杂质含量用色谱分析法已检测不出或低于某一限度含量。其中，代号 G. C. 为气相色谱分析专用；代号 L. C. 为液相色谱分析专用。

按规定，试剂瓶的标签上应标示试剂的名称、化学式、摩尔质量、级别、技术规格、产品标准号、生产许可证号、生产批号、厂名等，危险品和毒品还应给出相应的标志。

第五节　纯水的制备及检验

一、纯水的制备

在化学实验中，根据任务及要求的不同，对水的纯度要求也不同。对于一般的分析工作，采用蒸馏水或去离子水即可；而对于超纯物质分析，则要求纯度较高的“高纯水”。由于空气中的 CO_2 可溶于水中，故水的 pH 常小于 7，一般 pH 约 6。

由于制备纯水的方法不同，带来杂质的情况也不同。常用以下几种方法制备纯水。

1. 蒸馏法

目前使用的蒸馏器的材质有玻璃、金属铜、石英等，蒸馏法只能除去水中非挥发性的杂质，而溶解在水中的气体并不能除去。

2. 离子交换法

用离子交换法制取的纯水称为去离子水，目前多采用阴、阳离子交换树脂的混合床装置来制备。此法的优点是制备的水量大，成本低，除去离子的能力强；缺点是设备及操作较复杂，不能除去非电解质杂质，而且有微量树脂溶在水中。

3. 电渗析法

电渗析法是在离子交换技术的基础上发展起来的一种方法。它是在外电场的作用下，利用阴、阳离子交换膜对溶液中离子的选择性透过而使溶质和溶剂分离，从而达到净化水的目的。此方法除去杂质的效率较低，适用于要求不很高的分析工作。

二、纯水的检验

纯水的检验有物理方法（测定水的电阻率）和化学方法两类。根据一般分析实验的要求，现将检验纯水的主要项目介绍如下：

1. 电阻率

水的电阻率越高（表 1-4），表示水中的离子越少，水的纯度越高。25℃时，电阻率为 $1.0\times10^6\sim10\times10^6$ Ω·cm 的水称为纯水，电阻率大于 10×10^6 Ω·cm 的水称为高纯水，高纯水应保存在石英或塑料容器中。

表 1-4 各级水的电阻率

水的类型	电阻率(25℃)/(Ω·cm)
自来水	～1900
一次蒸馏水(玻璃)	$\sim3.5\times10^6$
三次蒸馏水(石英)	$\sim1.5\times10^6$
混合床离子交换水	$\sim12.5\times10^6$
28 次蒸馏水(石英)	$\sim16\times10^6$
绝对水(理论最大电阻率)	$\sim18.3\times10^6$

2. pH

用酸度计测定与大气相平衡的纯水的 pH，一般应为 pH 6 左右。采用简易化学方法测定时，取两支试管，在其中各加 10 mL 水，于甲试管中滴加 0.2% 甲基红（变色范围 pH 4.2～6.2）2 滴，不得显红色，于乙试管中滴加 0.2%溴百里酚蓝（变色范围 pH 6.0～7.6）5 滴，不得显蓝色。

3. 硅酸盐

取 10 mL 水于一小烧杯中，加入 5 mL 4 mol·L^{-1} HNO_3，5 mL 5%钼酸铵溶液，室温下放置 5 min。而后，加入 5 mL 10% Na_2SO_3 溶液，观察是否出现蓝色，如呈现蓝色则不合格。

4. 氯化物

取 20 mL 水于试管中，用 4 mol·L^{-1} HNO_3 1 滴酸化，加入 0.1 mol·L^{-1} $AgNO_3$ 溶液 1～2 滴，如出现白色乳状物，则不合格。

5. 金属离子

取 25 mL 水，加入 0.2% 铬黑 T 指示剂 1 滴，5 mL pH 为 10 的氨性缓冲溶液，如呈现蓝色，说明 Cu^{2+}、Pb^{2+}、Zn^{2+}、Fe^{3+}、Ca^{2+}、Mg^{2+} 等阳离子含量甚微，水合格。如呈现紫红色，则说明水不合格。

第六节 玻璃器皿的洗涤

分析化学实验中使用的玻璃器皿应洁净透明，并无肉眼可见的污物，其内外壁能为水均匀地润湿且不挂水珠。

器皿的洗涤原则是“用毕立即洗刷”。如待污物干结后再洗，必将事倍功半。

一般的玻璃器皿，如烧杯、锥形瓶、试剂瓶等，可用毛刷蘸取合成洗涤剂、肥皂液等直接刷洗，再用自来水冲洗干净，最后用少量纯水(蒸馏水或去离子水)润洗内壁 2～3 次，以除去残留的自来水，然后放洁净处备用。

具有精确刻度的量器，如滴定管、移液管、吸量管和容量瓶等，为了避免容器机械磨损而影响容积测量的准确度，一般不用刷子刷洗，可以用合成洗涤剂刷洗。必要时可用热的洗涤剂浸泡一段时间后，再用自来水洗净。若此法仍不能洗净，可用铬酸洗液洗涤。洗涤时，用铬酸洗液浸泡内壁后，用大量自来水冲洗干净，再用纯水润洗几次。其外壁可用合成洗涤剂刷洗。

光度分析用的吸收池以及比色管等，容易被有色溶液或有机试剂染色，通常用盐酸-乙醇(1＋2)洗涤液浸泡内外壁后再用水洗净。

仪器分析，尤其是微量、痕量分析实验所用的器皿，常用 1＋1(或 1＋2)的盐酸或硝酸溶液浸泡，必要时加热，以除去微量金属氧化物及金属离子杂质。石英器皿还可使用 HF-HNO_3 洗涤液进行洗涤，有利于洗净微量的金属离子。

量器不能用去污粉刷洗，只可用洗涤液浸泡。其中，铬酸洗液因具有很强的氧化能力而对玻璃的腐蚀作用又极小，所以一直被实验室最广泛地采用。

但操作中应注意：

(1)加洗液前，尽量倾尽仪器内的水，以免洗液稀释后降低洗涤效率。由于洗液作用较慢，应使仪器内壁布满后稍停一会儿或浸泡数分钟。

(2)洗液应反复使用，用后倒回原瓶并随即盖严，以防吸水。当洗液由棕红变为绿色(Cr^{3+})时，即已失效，可再加入适量的 $K_2Cr_2O_7$，加热溶解，并蒸去大部分水后继续使用。对于失效的废液也不能倒入下水道中，而应倒在指定的废液缸里，另行处理。

(3)洗液具有强腐蚀性，易烫伤皮肤，烧坏衣物。使用时要注意安全，绝对不能用口吸，只能用洗耳球。要避免溅到手上、衣物上、实验台上及地上，一旦溅上应立即用水冲洗并擦净。

(4)由于六价铬毒性较大，对人体健康有害，大量使用会污染环境；况且，铬酸洗液并非万能，不是任何污垢都能用它洗去。所以，凡不必要使用铬酸洗液的仪器则应选用其他洗涤液。本书实验中，铬酸洗液主要用于滴定管、移液管、吸量管和容量瓶的洗涤。

洗涤过程中，纯水应在最后使用，即仅用它来洗掉残留的自来水。还应强调一点，要按照少量多次的原则，和尽量将前次残留的水倒尽后再淋第二次，并采用顺壁冲淋且加摇荡的办法，以提高洗涤效率，这样即节约水又节约时间。每次用水约为仪器总容积的 5%～20%，一般在 10 mL 左右即可。

第七节　实验数据的记录、处理和实验报告

一、实验数据的记录

学生应有专门的实验记录本，标上页码，不得撕扯。决不允许把数据记在单页纸上或小

纸片上，或随意记录在其他任何地方。

实验过程中的各种测量数据及有关现象，应及时准确而清晰地记录下来。要特别指出，对数据的记录，要有严谨的科学态度，要实事求是，切忌掺杂个人主观因素，决不能随意拼凑和假造数据。

实验过程中涉及的各种特殊仪器和标准溶液的浓度等，也应及时、准确地记录下来。

记录实验中的测量数据时，应注意其有效数字的位数。用分析天平称重时，要记录至0.000 1 g；滴定管及移液管的读数，应记录至0.01 mL；用分光光度计测量溶液吸光度时，一般应记录至0.001的读数。

实验记录本上的每一个数据，都是测量结果，所以重复测定时，即使数据完全相同，也应记录下来。

进行记录时，对文字记录，应整齐、清洁；对数据记录，最好用一定的表格形式，这样既简明又清楚。

实验过程中，如发现数据算错、测错或读错而需要改动时，可将该数据用一横线划去，并在其上方写上正确的数字，而不要在原处涂抹。

二、分析数据的处理

在平时的分析实验中，一般对每个试样平行测定3～4次即可，数据处理比较简单。但对要求非常准确的分析，如标准试样成分的测定，则需要进行多次测定(5～9次)。然后用统计方法进行处理。

1.评价分析结果的参数

为了衡量分析结果的精密度，一般对单次测定的一组结果x_1、x_2、…、x_n，计算出算术平均值$\bar{x}$后，应再用单次测量结果的相对偏差、平均偏差、标准偏差、相对标准偏差和置信区间表示出来，这些统计量是分析实验中最常用的几种处理数据的表示方法，同学们都应十分熟悉它。

算术平均值 $$\bar{x}=\frac{x_1+x_2+\cdots+x_n}{n}=\frac{\sum x_i}{n}$$

相对偏差 $$d_r=\frac{x_i-\bar{x}}{\bar{x}}\times 100$$

平均偏差 $$\bar{d}=\frac{|x_1-\bar{x}|+|x_2-\bar{x}|+\cdots+|x_n-\bar{x}|}{n}=\frac{\sum|x_i-\bar{x}|}{n}$$

相对平均偏差 $$d_r=\frac{\bar{d}}{\bar{x}}\times 100\%=\frac{\frac{\sum|d_i|}{n}}{\bar{x}}\times 100\%$$

标准偏差 $$S=\sqrt{\frac{\sum(x_i-\bar{x})^2}{n-1}}$$

变异系数 $S_r = \frac{S}{\bar{x}} \times 100$

（相对标准偏差）

置信区间 $\mu = \bar{x} \pm \frac{tS}{\sqrt{n}}$

2. 数据和结果的表达

分析中测得的各种数据，如试样的质量，标准溶液的体积，某有色溶液的吸光度等，如何正确、科学、简明地表达和处理？一般常用两种方法：列表法和图解法。现简介如下：

（1）列表法　此法具有简明、便于比较等优点，滴定法和重量法中常用此种方法。特别是原始数据，用此法记录，既简明又方便。本书前面几个实验的报告示例是应用此法的例子。

如何列表？一般是在表格的上方标明实验的名称，要简明、达意。表的横向表头列出试验号；纵向表头列出数据的名称，通常按操作步骤的顺序排列。如先称试样，再进行滴定，则把天平称样数据记在上面，而滴定所消耗的标准溶液体积记在下面；若是两个相减的数字，应把被减数放在上格，减数放在下格。

表中除了记录必要的原始数据外，通常还填入根据有关公式计算所得的中间及最后结果。这样，既有原始数据，又有分析结果，简明扼要，一目了然。

记录和计算数据时，务必注意符合有效数字的各项规定，并使上下位数（小数点）对齐，以便于计算、复核和分析比较。

此外，必要时表中还应注明获得数据的有关条件，如测吸光度时的入射光波长和比色皿厚度；还应简要列出计算过程，即写明所用公式、代入的具体数据等。

（2）图解法　许多仪器分析法，如光度法、电位法、色谱法等，常用图形来表示或求出分析结果。它有许多好处，首先是能直观、形象地显示出数据变化的规律和特点；其次能利用图形求斜率、截距、拐点、极值和面积，可对数据进一步进行处理，应用极为广泛。许多近代测试仪器使用记录仪可直接获得测量图形。

三、实验报告

实验结束后，应根据实验记录进行整理，及时认真地写出实验报告，这是培养学生分析、归纳能力，严谨细致的工作作风的有效途径。实验报告的繁简和取舍要根据实验类型和实验的具体内容而定。总之，要忠实、准确反映所做的实验，以清楚、简明、整洁为原则，实验报告的形式可以不拘一格，但在可能的情况下，应采用表格式。

分析化学实验报告，一般包括以下内容。

实验编号　　　　实验名称　　　　（日期）

（一）实验目的

（二）实验原理　简明地用文字和化学反应式说明。

（三）实验步骤　扼要写出操作提纲，可用箭头流程式表示。

（四）实验数据及处理　用文字、表格、图形，将数据表示出来。根据实验要求（包括计算公式)计算出分析结果、实验误差大小。

这是实验报告的核心内容。报告分析结果时,一般用下列四项(至少前三项)值表示:测定次数;平均值;标准偏差;置信区间。

(五)问题与讨论 根据需要,有针对性地对实验中观察到的现象和教材上的思考题,进行讨论、分析、说明、解释,有什么成败的经验教训、实践体会以及改进和建议等。以提高自己的分析问题和解决问题的能力。报告示例见后面章节。

Chapter 2 第 2 章

分析天平与称量

分析天平是分析化学实验中最重要、最常用的基本仪器之一。用分析天平进行准确称量，则是分析工作中最基本操作之一，称量的准确度直接影响分析结果。所以必须了解天平的构造、性能特点及称量原理，正确地进行称量操作，这是做好分析化学实验的最基本保证。常用的分析天平有电子天平、等臂双盘天平（包括半自动电光天平和全自动电光天平）和单盘天平。

第一节　天平的称量原理及分类

一、天平的分类

1. 天平的分类

天平的分类方法很多。按天平的构造原理分类，有杠杆式天平和电子天平两大类。杠杆天平可分为等臂天平和不等臂天平。等臂双盘天平可分为部分机械加码天平和全机械加码天平。

按天平的最小分度值，可分为普通分析天平（分度值为 0.1 mg）、微量天平（0.01 mg）和超微量天平（0.001 mg）。

2. 天平的等级

按精度分类，根据 GB 4168—84《杠杆式天平》的规定，把分析天平分为 10 类，级别越小，天平的精度越高。见表 2-1。

表 2-1　天平精度级别

精度级别	1	2	3	4	5	6	7	8	9	10
分度值/最大称量	1×10^{-7}	2×10^{-7}	5×10^{-7}	1×10^{-6}	2×10^{-6}	5×10^{-6}	1×10^{-5}	2×10^{-5}	5×10^{-5}	1×10^{-4}

在常量分析中，使用最多的是分度值为 0.1～0.4 mg、最大称量为 100～200 g 的 3～5 级天平，即一般（常量）分析天平。

二、天平的称量原理

1. 等臂天平的称量原理

等臂天平是根据杠杆原理制成的衡量仪器。常用的等臂天平有：全自动机械加码式、半自动机械加码式和阻尼式天平。等臂天平构造原理、称量原理都符合杠杆原理。

2. 电子天平的称量原理

电子天平是根据电磁力平衡的原理设计的。没有刀口、刀承，无机械磨损，全部采用数字显示，称量速度快，使用寿命长。电子天平与微机、打印机联机后，可具有多种功能，是代表发展趋势的先进天平。

电子天平是将称量物的质量 m 产生的重力 G，通过传感器转换成电信号来表示物质的质量的。

因为重力　　$G=mg$（g 为重力加速度）

则：　　$m=G/g$

重力加速度，在同一地点为一定值。

电子天平是利用非电量电测技术用位置传感器感受天平负载，并验出与负载具有确定关系的电量。通过模拟数字显示，直接读出负载物体的质量。或使传感器的电信号反馈通过回零装置，使磁力线圈产生复原力，使天平恢复零位。通过测定与复原力相应的电量来表示物体质量。

第二节　天平的构造

一、等臂机械天平的构造

等臂机械天平的构造主要由天平梁、立柱、附属部件、砝码和悬挂系统等组成（图 2-1、图 2-2）。

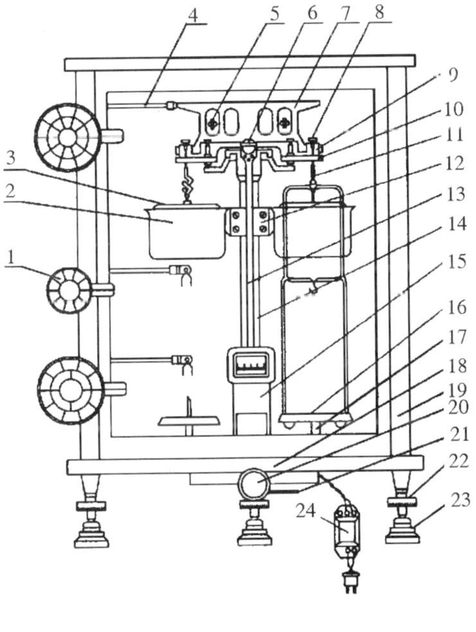

图 2-1　全机械加码电光天平

1. 加码指数盘；2. 阻尼器外筒；3. 阻尼器内筒；4. 加码杆；5. 平衡螺丝；6. 中刀；7. 天平横梁；8. 吊耳；9. 边刀盒；10. 托叶；11. 挂钩；12. 阻尼架；13. 指针；14. 立柱；15. 投影屏座；16. 天平盘；17. 盘托；18. 底座；19. 外框；20. 开关旋钮；21. 调零拔杆；22. 水平调整脚；23. 防震垫脚；24. 变压器。

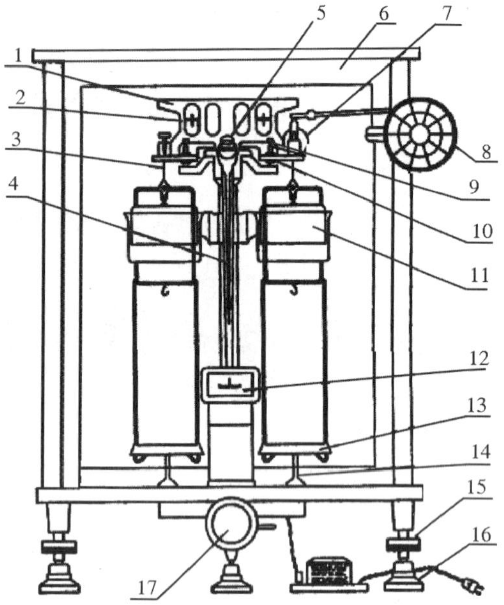

图 2-2　半机械加码天平

1. 天平梁；2. 平衡调节螺丝；3. 吊耳；4. 指针；5. 支点刀；6. 框罩；7. 环码；8. 指数盘；9. 支柱；10. 托叶；11. 阻尼器；12. 投影屏；13. 天平盘；14. 盘托；15. 天平足；16. 垫脚；17. 升降钮。

1. 天平梁

天平梁是天平的主要构件，一般由铝铜合金制成，呈三角形空心结构。梁上装有三个三棱的玛瑙刀，中间倒立的刀称为支点刀、刀口向下，放在天平柱上的玛瑙刀承上。天平梁两端的两个玛瑙刀，刀口向上，通过吊耳上的玛瑙平板与悬挂的天平盘连接。三个刀口的棱边平行，并处在同一水平面上。中间支点刀与两端承重刀之间的距离为天平臂，两臂等长。玛瑙刀口的角度和锋刃的完好程度直接影响天平的质量，故应特别注意保护刀口。天平梁后上部有一感量调节螺丝，用以调节天平梁的重心，改变其灵敏度。梁的正中有一指针下垂，指针摆动，可由刻度标尺读出。梁的两端装有 2 个平衡调节螺丝用来调整天平梁的平衡位置，粗调零点。

2. 天平立柱

立柱是支撑天平所有部件的中心主体。垂直固定在天平底板上，是横梁的起落架，柱的上方嵌有一块玛瑙平板与玛瑙支点刀接触。立柱上部装有升降的两个托叶，天平休止时托住横梁，使刀口与刀承分开，以保护刀口。柱的两侧装有空气阻尼器外筒。

3. 附属部件

为了保持称量时气流稳定和防尘、防潮，天平的主要部件装置在玻璃框罩里，框罩前面和左右有门。天平立柱上装有气泡水平仪，以指示天平是否水平。天平的水平由底座下的前两个垫脚螺丝进行调节。

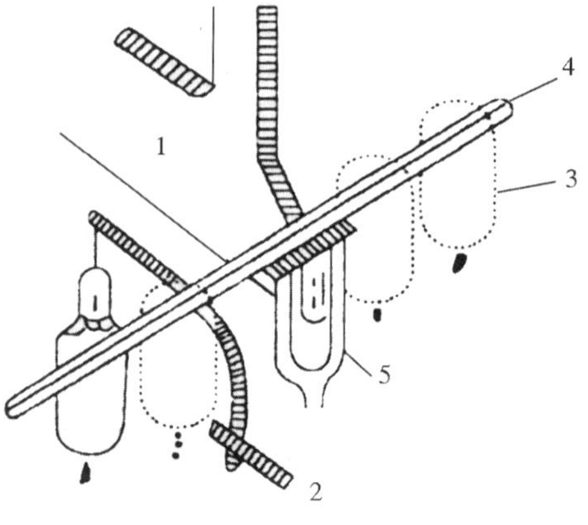

图 2-3　机械加码装置

1. 天平梁；2. 加码杠杆；3. 环码；4. 横杆；5. 吊耳。

4. 砝码

每台天平附有一盒配套砝码。半自动天平的克码装在天平的砝码盒里，毫克码(环码)悬挂在砝码支架上，借旋转刻度读数盘，随意加减砝码。全自动天平将克码、毫克码全部悬挂在砝码支架上。砝码要保持清洁，决不允许用手直接拿取。见图 2-3、图 2-4。

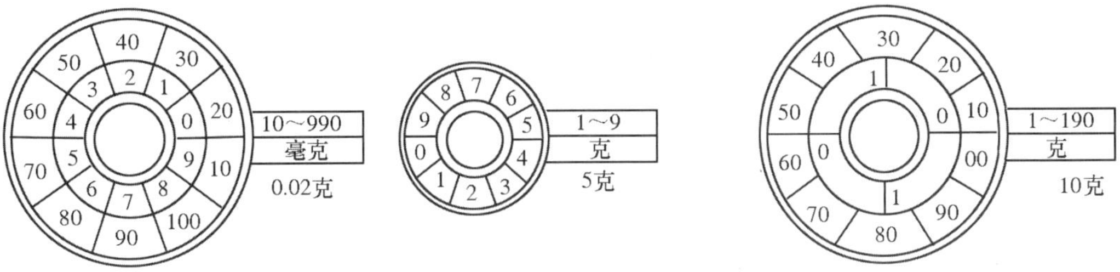

图 2-4 刻度读数盘

5. 吊耳、秤盘、阻尼器

吊耳底面的玛瑙刀承在工作时压在承重刀上，使悬挂于其上的秤盘和阻尼器内筒能自由摆动。阻尼器为特制的铝合金圆筒，外筒开口向上固定于立柱两侧；内筒直径稍小，开口向下，挂在吊耳上，置于外筒中，两筒间隙均匀，无摩擦。开启天平后，内筒在外筒中上下运动，由于筒内空气的阻力，使天平横梁能很快停止摆动达到平衡。

6. 光学读数系统

在天平指针的下端有微刻度标尺，可随指针移动(图 2-5)。天平立柱的后面装有投射灯，通过照明筒，聚光镜把一束光透过微刻度标尺，经物镜筒放大，将刻度标尺影像通过大、小反射镜反射到投影屏上。从屏上可看到标尺的投影，中间为零，左负右正(图 2-5)。这样，由天平指针的偏移程度可直接读出 10 mg 以下的质量。如图 2-6 所示。具有光学读数装置的天平叫电光式天平。

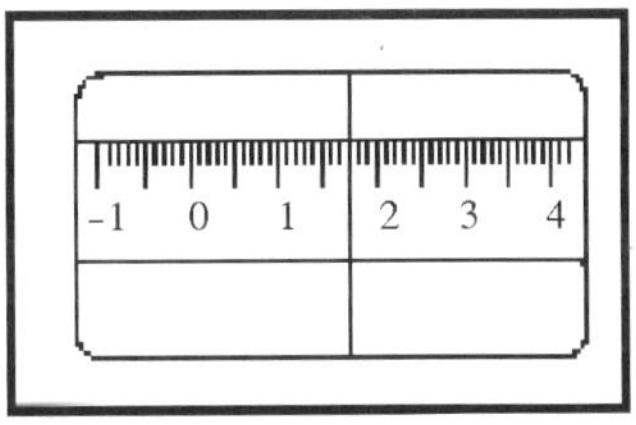

图 2-5 投影屏刻度标尺显示

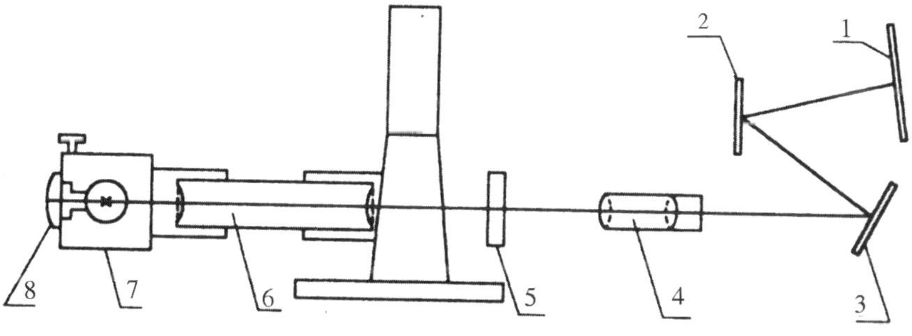

图 2-6 电光天平光学系统

1. 投影屏；2. 大反射镜；3. 小反射镜；4. 物镜筒；5. 微刻度标尺；6. 聚光管；7. 照明筒；8. 光源。

二、电子天平的构造

电子天平有天平盘在支架上面(上皿式)和天平盘吊挂在支架下面(下皿式)两种构造。见图2-7,天平盘通过支架杆与导线线圈相连,线圈置于磁场中,天平盘及称量物的重力通过连杆支架作用于线圈上,方向向下。线圈内有电流通过时,产生向上的电磁力。位移传感器处于设定的中心位置,当天平盘上称量物质改变时,位移传感器检出位移信号,经调节器和放大器改变电流的大小,直至线圈回到原中心位置为止。电流变为信号经转化后以数字方式显示出称量物的质量。

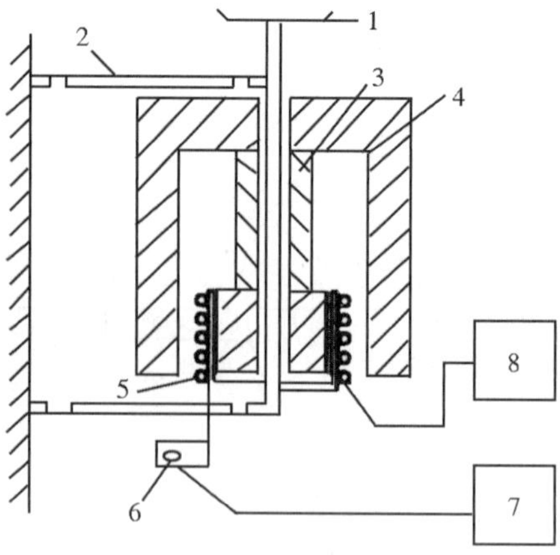

图 2-7 MD 系列电子天平构造示意图
1. 秤盘;2. 簧片;3. 磁钢;
4. 磁回路体;5. 线圈及线圈架;
6. 位移传感器;7. 放大器;
8. 电流控制器。

电子天平具有以下优点:

(1)电子天平的支承点用的是弹簧片,其数字显示方式性能稳定、灵敏度高、操作简单、使用寿命长。

(2)加入载荷后能迅速达到平衡,并自动显示所称物体的质量。

(3)其独具的“去皮”功能使称量更为简便、快速,使单次试样的称量时间大大缩短。

(4)分析及半微量电子天平一般具有内部校正功能,天平内含有标准砝码,选用校准功能时,自动启用标准砝码,天平的微处理器以标准砝码作为校准标准。

(5)电子天平可在称量过程中,实现去皮、累加、超载显示、故障报警、质量电信号输出等功能,可与微机、打印机等联用,实现称量、记录、计算的自动化。

第三节 天平的计量性能

分析天平是精密的衡量仪器,使用前应了解所有天平的性能和检查方法。

一、灵敏性

天平的灵敏性可用天平的灵敏度表示。灵敏度是指在天平盘上增加一个小质量(通常是1 mg)时,指针在读数标尺上移动的格数。

$$E=\frac{n}{r} \qquad (分度/mg)$$

式中:E 为灵敏度;n 为指针偏移的格数;r 为天平盘所加的小砝码质量。

实际工作中常用灵敏度的倒数表示天平的灵敏度称为感量:

$$感量=\frac{1}{灵敏度} \qquad (单位:mg/分度)$$

例如:TG528B 型阻尼天平的灵敏度为 2.5 格/mg,则感量为 0.4 mg/格,因此称此类天平为“万分之四”的分析天平。TG328B 型电光天平本身的灵敏度通常为 1 格/mg,由于采用了光学放大读数装置,将 1 格放大为 10 格,灵敏度为 10 格/mg,感量为 0.1 mg/格。因此又称为“万分之一”的分析天平。

电光天平检查灵敏度时,通常可在天平盘上加 10 mg 片码,天平指针偏移 98～102 格为宜。过大或过小可用感量调节螺丝来调节。

二、准确性

天平的准确性是指天平的等臂性。等臂双盘天平由于两臂长不完全相等而引起的称量误差叫不等臂误差,属于系统误差。若使用同一台天平进行称量,其误差可抵消。精密称量可用替代法称量,则可消除臂差的影响。

等臂天平的特征是天平空盘时和左右两盘加有最大称量的等质量砝码时,其平衡位置相同。但实际上绝对等臂是不可能的,只能尽量接近,不能超出规定的允许误差 1/4 000 即可。

三、示值变动性

示值变动性是指在不改变天平状态的情况下,多次开关天平,天平平衡位置的重复性。即在同一载荷下比较多次平衡点的差异。一般应在 0.1～0.2 mg 之间。

天平的示值变动性实际上表示了称量结果的可靠性。天平的精确度不单决定于感量,还与示值变动性有关,单纯提高灵敏度会使变动性增大。灵敏度与示值变动性两者在数值上应保持一定比例,即天平的示值变动性不得超过天平的感量。

第四节 天平的使用和称量方法

一、分析天平的使用方法

称取物质质量的分析天平种类较多,下面重点介绍等臂全机械加码电光天平的使用。

1. 使用前的检查

(1)取下天平罩,将其放在天平箱上。

(2)检查天平罩内及盘上是否清洁。如有灰尘,用软毛刷轻刷干净。

(3)检查天平是否处于水平状态。调节垫脚螺丝使水平气泡居中。

(4)检查横梁、吊耳、秤盘安放位置是否正确,各种砝码是否齐全。

2. 零点的测定和调整

接通电源,慢慢旋转升降钮开启天平,等待指针摆动停止后投影屏上的读数即为零点,用调零拨杆调节投影屏上的标线到零刻度。

3. 称量

打开天平右门,将待称物置于天平盘的中央,关上天平门。按照“由大到小,中间截取,逐级试重”的原则加减左侧吊码。试重要半开天平,观察指针偏移方向或投影移动方向,从而判断所称物体的轻重并进行相应的调整。注意:指针总是偏向轻的一方,标尺投影总是向重的一方方向移动。先调定克以上吊码,关上天平门,再依次调整百毫克组和十毫克组圈码,每次都从中间量(500 mg 和 50 mg)开始调节。调定十毫克组圈码后,再完全开启天平,准备读数。

4. 读数

砝码调定,全开天平,标尺停稳后即可读数。被称物的质量等于砝码总量加上标尺读数(均以克计)。

5. 复原

记录完毕后,关闭天平,取出被称物,将各种吊码、圈码指数盘退回到“000”位,关闭天平门,盖上天平罩,并在天平使用登记本上填写使用记录。

二、电子天平的使用方法

电子天平是最新一代的天平,是根据电磁力补偿工作原理制成,直接称量,全量程不需砝码。放上称量物后,在几秒钟内即达到平衡,显示读数,称量速度快,精度高。其外观如图 2-8 所示。

电子天平的型号很多,目前,广泛使用的是上皿式电子天平。其使用方法大同小异,具体操作可参见各仪器的使用说明书。下面以北京赛多利斯电子天平为例,简要介绍其使用方法。

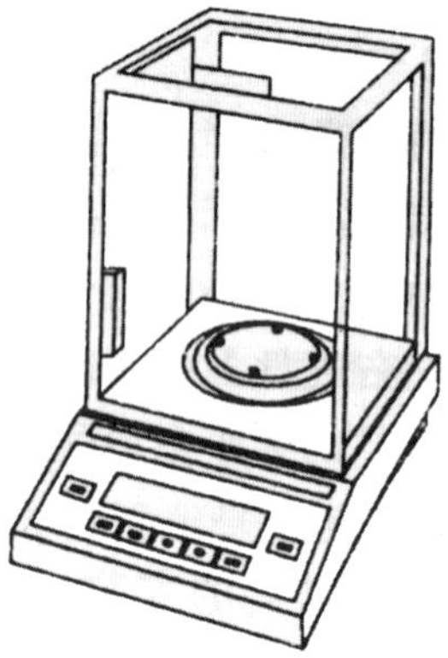

图 2-8　电子天平

(1)水平调节　观察水平仪,如水平仪水泡偏移,调整水平调节脚,使其位于水平仪中心。

(2)预热　接通电源,预热至规定时间(约 30 min)

(3)开启显示器　轻按⏻开关键。

(4)仪器自检　显示器全亮,约 2 s 后,显示天平的型号,电子称量系统实现自动检查功能,当显示器上显示 0.0000 g,自检结束。

(5)校准　天平安装后,第一次使用前,应对天平进行校准。因存放时间较长、位置移动、环境变化或未获得精确测量,天平在使用前一般都应进行校准操作。校准程序可根据仪器使用说明书进行。

(6)称量　按 TARE 键,显示为零后,置称量物于秤盘上,待数字稳定即显示器左下角的“0”标志消失后,即可读出称量物的质量值。读数时应关闭天平门。

(7)去皮称量　按 TARE 键清零,置容器于秤盘上,天平显示容器质量,再按 TARE 键,显示零,即去除皮重。再置称量物于容器中,或将称量物(粉末状物或液体)逐步加入容器中直至达到所需质量,待显示器左下角“0”消失,这时显示的是称量物的净质量。将秤盘上的所有物品拿开后,天平显示负值,按 TARE 键,天平显示 0.0000 g。若称量过程中秤盘上的总质量超过最大载荷时,天平仪显示上部线段,此时应立即减小载荷。

(8)关机　称量结束后,若较短时间内还使用天平(或其他人还使用天平)一般不用按⏻开关键关闭显示器。实验全部结束后,关闭显示器,切断电源。最后,填写使用登记本,经教师检查签字后,盖好天平罩,方可离去。

三、分析天平的称量方法

常用的称量方法有直接称量法、固定质量称量法和递减称量法，现分别介绍如下。

1. 直接称量法

天平零点调定后，休止天平，将被称物用干净的纸条套住（也可戴细沙手套、镊子或钳子等适宜的方法），放在天平盘的中央，调整砝码使天平平衡，所得读数即被称物的质量。这种方法适合于称量洁净干燥的器皿、棒状或块状的金属及其他整块的不易潮解或升华的固体样品。

2. 固定质量称量法

此法又称增量法，此法用于称量某一固定质量的试剂（如基准物质）或试样。这种称量操作的速度很慢，适于称量不易吸潮、在空气中能稳定存在的粉末状或小颗粒（最小颗粒应小于 0.1 mg，以便容易调节其质量）样品。

固定质量称量法如图 2-9 所示。注意：若不慎加入试样超过指定质量，应先关闭升降旋钮，然后用牛角匙取出多余试样。重复上述操作，直至试样质量合乎要求为止。严格要求时，取出的多余试样应弃去，不要放回原试剂瓶中。操作时不能将试样散落于天平盘等容器以外的地方，称好的试样必须定量地由表面皿等容器直接转入接受容器，此即所谓“定量转移”。

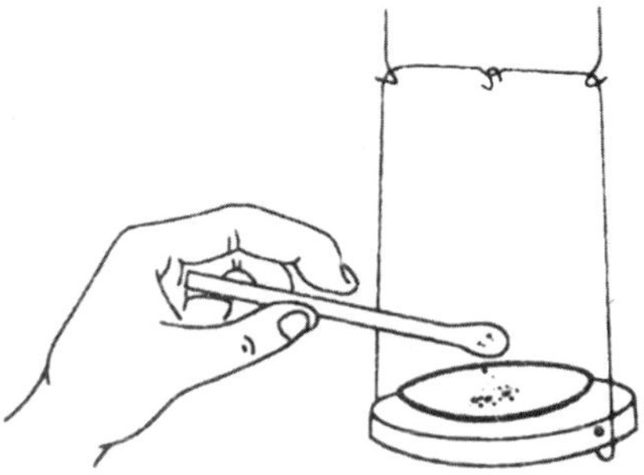

图 2-9 固定称量姿势

3. 递减称量法

又称减量法，此法用于称量一定质量范围的样品或试剂。在称量过程中样品易吸水、易氧化或易与 CO_2 等反应时，可选择此法。由于称取试样的质量是由两次称量之差求得，故也称差减法。操作方法如下：

（1）从干燥器中用纸带（或纸片）夹住称量瓶后取出，如图 2-10 所示（注意：不要让手指直接接触称量瓶和瓶盖），用纸片夹住称量瓶盖柄，打开瓶盖，用牛角匙加入适量试样（一般为称一份试样量的整数倍），盖上瓶盖。称出称量瓶加试样后的准确质量。

（2）从天平中取出称量瓶，在接收容器的上方倾斜瓶身，用瓶盖的下底面轻敲瓶口上沿，让试样缓缓倾入容器中，瓶盖始终不要离开接受器上方如图 2-11 所示。当倾出的试样接近所需量（可从体积上估计或试重得知）时，一边继续用瓶盖轻敲瓶口，一边逐渐将瓶身竖直，使黏附在瓶口上的试样落回称量瓶，然后盖好瓶盖，准确称其质量。

（3）两次质量之差，即为试样的质量。如此重复可连续称量多份试样。此方法较适于粉末状、颗粒状试样的称量。

四、电子天平的称量方法

1. 直接称量法

将称量物直接放在天平盘上直接称量物体的质量。

2. 固定质量称量法

将干燥的小器皿轻轻放在天平盘中央，待显示稳定后按 TARE 去皮键，扣除皮重显示“0.0000 g”，然后打开天平门往器皿中缓缓加入试样如图 2-9 所示，并观察屏幕。当达到所需质量时停止加样，关上天平门，显示平衡后即可记录所称取试样的净重。采用此法称量最能体现电子天平快捷的优越性。

3. 差减称量法

对上述增量法而言，减量法是以天平上的容器内试样量的减少值为称量结果。当用不干燥的容器称取样品时不能用增量法，可采取减量法。具体方法如下：

(1)从干燥器中用纸带(或纸片)夹住称量瓶后取出，如图 2-10 所示(注意:不要让手指直接接触称量瓶和瓶盖)，用台秤粗称其重量，再用纸片夹住称量瓶盖柄，打开瓶盖，用牛角匙加入适量试样(一般为称一份试样量的整数倍)，盖上瓶盖。用台秤粗称装有试样的称量瓶。

(2)带电子天平读数显示稳定后，按 TARE 键，天平显示 0.000 0 g。

(3)将粗称后的称量瓶放在天平的秤盘中央，关上天平门，读取屏幕显示的数值。

(4)取出称量瓶，在接收容器的上方倾斜瓶身，用瓶盖的下底面轻敲瓶口上沿，让试样缓缓倾入容器中，瓶盖始终不要离开接收器上方，如图 2-11 所示。当倾出的试样接近所需量(可从体积上估计或试重得知)时，一边继续用瓶盖轻敲瓶口，一边逐渐将瓶身竖直，使黏附在瓶口上的试样落回称量瓶，然后盖好瓶盖。

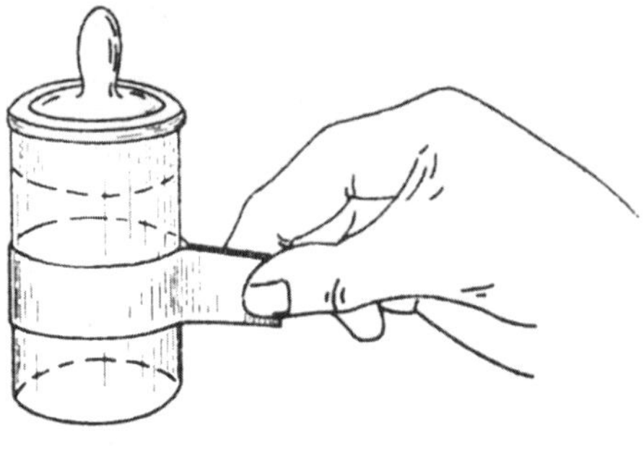

图 2-10　称量瓶的拿取

图 2-11　称量瓶用法

(5)再将称量瓶放回天平上称量，如果所示重量达到要求范围，读数显示稳定后，关上天平门，即可记录称量结果。

(6)若连续称取第二份试样，则按 TARE 键显示为 0.000 0 g 后，再向第二个容器中转移试样。

第五节　天平的使用规则与维护

一、天平室规则

(1)分析天平是测定物质质量的精密仪器，需安装在专门的天平室内使用。天平室应远离震源，室温以 18～25℃为宜，且应相对稳定。保持室内干燥，相对湿度一般不要大于75%，并与产生腐蚀性气体的环境隔离。

(2)分析天平必须安放在牢固、平稳、不震动的水泥台上。天平安放的位置应避免阳光直射，并应悬挂窗帘挡光。

(3)不得在天平室里存放或转移挥发性、腐蚀性的试剂(如浓酸、强碱、氨、溴、碘、苯酚及其他有机试剂等)。如欲称量这些物质宜用玻璃熔封后进行。

(4)天平安装校正后，不允许任意搬动。

(5)称量是一项非常细心的工作，天平室里应该保持肃静，不得大声喧哗，不要带进与称量无关的物品。

(6)天平室内及台面应经常保持清洁，以防止尘埃侵入天平罩里。

二、天平常见故障的排除

1. 吊耳偏斜或脱落

称量时若动作太猛或未关闭天平就加减物体或砝码，都可能使吊耳偏斜或脱落，甚至损伤刀口。称量过程中，吊耳偶尔脱落，只需将吊耳轻轻重新装上即可。如果吊耳经常脱落，或开启天平时，两盘摆动，可能是吊耳安放不正。可调节支持吊耳的支柱螺丝，直至吊耳安放平稳为止。

2. 指针跳动

打开天平后，支点刀不能平稳落下，指针前后跳动，原因是天平梁架空时，支持天平梁的三个小支柱不水平，导致支点刀与天平柱上的玛瑙平板前后距离不等。调整方法是调节小支柱高度至水平，检查跳针现象，可观察投影屏上在开关过程中是否明暗一致，若投影屏忽暗忽亮，表示有跳针现象。

3. 盘托高低不适

盘托太高，关闭天平后天平盘会倾斜，甚至使吊耳倾斜，打开天平时由于托盘阻碍，使指针摆动不灵活或倾向一方，甚至会使吊耳脱落。盘托太低，关闭天平后天平盘仍会摆动。可取下盘托，调节盘托下部螺丝，至高低合适为止。

4. 天平摆动受阻，摆动不正常

一般情况下有以下两种原因：①盘托太高或盘脱下不去，可取下盘托擦去油垢，再涂少些机油。②阻尼器内外盒摩擦。克服的方法是先检查天平是否水平，再检查左右两盒位置是否放错，或松动阻尼器螺丝，调好后再拧紧。

5. 零点偏离刻度标尺中心太远

调节天平梁两端的平衡螺丝，同时应注意环码是否碰撞或摩擦。

6. 灵敏度太高或太低

调节感量调节螺丝。若灵敏度太低，升高感量调节螺丝，若灵敏度太高，降低感量调节螺丝的位置，反复调整至合适为止(见第三节天平灵敏性)。

7. 电光天平电珠不亮

检查电珠是否损坏，及各插头是否接触良好。较多的是天平底盘下面的接触片位置不当或生锈导致导电不良，若位置不正，可调整位置；若锈蚀，可用小锉刀或砂纸夹于两片之间轻轻锉擦几下即可。

8. 投影屏不明亮或有暗影

调节电珠位置；前后移动物镜筒调整焦距，若投影屏微分标尺位置太高或太低，可调节小反光镜使标尺位置合适。

9. 指数盘失灵

挂环码的挂钩失灵，可取下指数盘上的大盒盖，加少许机油。若螺丝松动可拧紧固定螺丝。若指数盘指数与实际不符，可松开指数盘固定螺丝，对好后，重新拧紧。

三、电子天平的维护

1. 电子天平传感器的保养

除尘、防尘是电子天平必不可少的保养工作。因此，电子天平传感器的保养应从两个方面进行。

(1)电子天平外部的清洗除尘：首先将电源断开，不要使用强力清洗剂，应使用中性清洗剂浸湿的毛巾擦洗。特别注意不要让液体渗到仪器内部，用湿毛巾擦后，再用一块干燥的软毛巾擦干。称样时，落在天平罩里的物品或粉末，必须小心用软毛刷或手持吸尘器去除。

(2)电子天平内部构件的除尘：内部构件的除尘一定由专业工程师操作，有问题可以联络厂商的维修中心。

2. 电子天平使用注意事项

(1)将电子天平置于稳定的工作台上，不受阳光的直射，远离暖气与空调，远离磁性设备，避免振动、尘埃和腐蚀性气体。

(2)将一台放置在较低温度的电子天平搬到一个较高温度的工作间时，应切断电源，待仪器放置 2 h 后，再进行安装及通电使用。

(3)电子天平在初次使用或在长时间断电之后，至少需要预热 30 min 或 1 h。

(4)称量物体质量不得超过天平的最大载重量(一般为 200 g)。

(5)不得在天平上称量热的或散发腐蚀性气体的物质。

(6)开关天平门和取放物体时动作要轻缓。

(7)称量时应将被称物置于天平盘正中央。

(8)称量易挥发和具有腐蚀性的物体时，要盛放在密闭的容器中，以免腐蚀和损坏电子天平。

(9)在长时间不使用的电子天平应每隔一段时间通电一次，每次预热 2 h，以保持电子元器件干燥，确保天平始终处于良好的使用状态。

(10)称量完毕后应关好天平门，关切断天平电源，罩上天平罩。在天平使用登记簿上写明使用情况。

第六节 分析天平实验

实验一 电光天平称量练习

一、实验目的

(1)了解分析天平的构造、熟悉其使用规则。
(2)初步掌握称量操作技术和样品的称量方法,培养准确记录原始数据的习惯。

二、实验原理

详见本书第 2 章。

三、主要仪器和试剂

1.仪器
TG328A 电光分析天平、台秤、干燥器、坩埚、称量瓶、锥形瓶等。
2.试剂
固体 NaCl。

四、实验步骤

1.检查天平
检查天平是否保持水平位置,天平各部件是否处于正常位置。天平盘、阻尼盒及天平底盘是否洁净,若有尘埃可用软毛刷清扫干净。克码、毫克码是否在零位。
2.天平零点的测定
打开天平升降枢,指针停稳后观察投影屏标尺与标尺零线是否重合。偏离不大时可用天平底座下微量调节杆调至重合,若偏离较远,可用天平梁上的平衡螺丝调节。
3.天平灵敏度的测定
零点调好后,在天平盘加上 10 mg 砝码,轻轻打开天平升降枢,微刻度标尺应移至 98~102 小格范围内。否则应调节感量调节螺丝。此时天平灵敏度为 10 格/mg,分度值为 0.1 mg/格。
4.直接称量法练习
取清洁、干燥的坩埚一个,放在天平盘上,(初学者可先在台秤上粗称一下),调节适当的砝码(依粗称结果),打开升降枢,观察指针偏移方向,指针指向较轻一方。(按从重至轻的原则调整砝码)从克码调整至毫克码(关好天平门)此时指针摆动缓慢,观察投影屏上的微刻度标尺的移动。(数字向重的一方偏移)直至平衡,此时克码、毫克码和微刻度标尺读数的总和即等于坩埚的质量。记录数据后,依次将砝码回复零位。

5. 差减称量法练习

取一清洁、干燥的称量瓶，先在台秤上粗称其质量，加入 1.2 g NaCl，然后在分析天平上准确称量，记录其质量 W_1。取下 0.3 g 砝码，于容器上方取下瓶盖，(瓶盖也要用干净纸条套住)轻轻敲击称量瓶，倾出 0.3～0.4 g NaCl，盖好瓶盖，重新称量，若砝码方太轻，表示倾出试样不足 0.3 g，应继续倾出，直至样重 0.3～0.4 g。记录其质量 W_2。则倾出试样重 W_1-W_2。以同样方法再称取 NaCl 0.3～0.4 g 两份。实验报告示例如表 2-2 所示。

表 2-2　差减法称量实验报告示例

项目	称量次数		
	1	2	3
称量瓶+试样质量(倾出前)	W_1=15.683 9 g	W_2=15.362 8 g	W_3=15.011 3 g
称量瓶+试样质量(倾出后)	W_2=15.362 8 g	W_3=15.011 3 g	W_4=14.674 0 g
倾出试样质量	0.321 1 g	0.351 5 g	0.337 3 g

实验二　电子天平称量练习

一、实验目的

(1)学习掌握电子天平的基本操作和常用称量方法，了解电子天平的简单构造原理。

(2)培养学生正确运用有效数字，准确、简明地记录原始实验数据的习惯。

二、实验原理

详见本书第 2 章。

三、主要仪器和试剂

1. 仪器

电子天平、台秤、小烧杯、称量瓶、锥形瓶。

2. 试剂

固体 NaCl。

四、实验步骤

1. 直接称量法

根据电子天平的使用方法，直接称出一个干燥后称量瓶的瓶身、瓶盖、瓶身+瓶盖的质量，实验结果填入表 2-3 中。

表 2-3 直接称量数据记录

项目	称量瓶瓶身质量/g	称量瓶瓶盖质量/g	瓶身+瓶盖的质量/g
读数			

2. 增量法

称取 0.3～0.4 g NaCl 三份。称量方法如下：

(1)将干燥的小烧杯轻轻放在天平秤盘上。

(2)待显示稳定后按 TARE 键扣除皮重，天平显示 0.000 0 g。

(3)打开天平门往小烧杯中缓慢加入 NaCl，同时观察屏幕，当达到所需质量时停止加药，关上天平门。

(4)显示平稳后即可记录所称取的试样的净重，结果填入表 2-4 中。

表 2-4 增量法称量实验报告示例

称量次数	1	2	3
试样质量/g			

3. 减量法

称取 0.3～0.4 g NaCl 三份。称量方法如下：

(1)先在台秤上粗称称量瓶的质量，然后加入大约所需三份 NaCl 的量，约 2 g。

(2)把粗称后装有试样的称量瓶放在电子天平上，读数显示稳定后，按 TARE 键，天平显示 0.000 0 g。

(3)取出称量瓶，向带有标号的锥形瓶中缓缓敲出所需质量的样品，再将称量瓶放在天平上称量，如果显示质量达到要求范围，即可记录称量结果。若未达到要求，需继续拿出称量瓶再次向锥形瓶中倾样(倾样次数不得超过 3 次)，直到符合要求，记录称量结果。

(4)再按 TARE 键，天平显示 0.000 0 g 后，取出称量瓶向第二个锥形瓶中倾样，重复上一步的操作，再称取两份 0.3～0.4 g NaCl。实验报告示例见表 2-5 所示。

表 2-5 减量法称量实验报告示例

项目	称量次数		
	1	2	3
倾样前质量/g	0.000 0	0.000 0	0.000 0
倾样后质量/g	−0.312 2	−0.302 8	−0.321 1
倾出样品质量/g	0.312 2	0.302 8	0.321 1

五、思考题

(1)在实验中记录称量数据应准确至几位？为什么？

(2)电子天平的称量方法有几种？应如何选择？

(3)在什么情况下，必须使用称量瓶来称取试样？

(4)使用称量瓶时，应该如何操作才能使试样不致损失？

实验三　氯化钡中结晶水的测定

一、实验目的

(1)进一步练习分析天平的使用。
(2)掌握挥发重量法测定水分的原理和方法。
(3)学会干燥器、烘箱的使用方法。

二、实验原理

在一物质中,水分子作为物质晶体结构单元之一时,这种水分子称为结晶水。例如:$BaCl_2 \cdot 2H_2O$、$CuSO_4 \cdot 5H_2O$、$Na_2SO_4 \cdot 10H_2O$ 中的水都叫结晶水。

含结晶水的化合物具有恒定的化学组成。当加热至 120～125℃时,结晶水可逸出,因此可以在烘箱中将试样烘干至恒重,即重量不再变化,然后计算结晶水的含量。此方法也可用来测定试样中的吸湿水,如土壤、植物材料的水分测定,可在 105～110℃烘箱中干燥至恒重后进行测定。

测定水分时,要用到干燥器和烘箱。

干燥器是一种具有磨口盖的厚玻璃器皿,内有一带孔的白瓷板,如图 2-12 所示。白瓷板下盛有干燥剂(如无水氯化钙、变色硅胶或浓硫酸等)。

干燥器是用来保持物品干燥或使物品在干燥环境下晾至室温用的。常用来放置称量瓶、坩埚或其他干燥品。由于各种干燥剂都具有一定的蒸汽压,因此干燥器中的空气并非绝对干燥,只是湿度相对较低。为了防止干燥剂吸收空气中的水分,应随时盖好干燥器盖。

干燥器的磨口应涂上一层凡士林,盖好盖后应不漏气,打开干燥器时,一手扶好干燥器,一手将盖向边缘推开。搬动干燥器时,应用两手拇指按住盖子,以防盖子滑落打碎。

烘箱是用电炉丝或红外灯加热以干燥试样的装置。如图 2-13 所示,烘箱有温度控制器,可控制温度±2℃,最高温度一般不超过 250℃。有的烘箱还装有鼓风设备,用以提高干燥效率。

图 2-12　干燥器

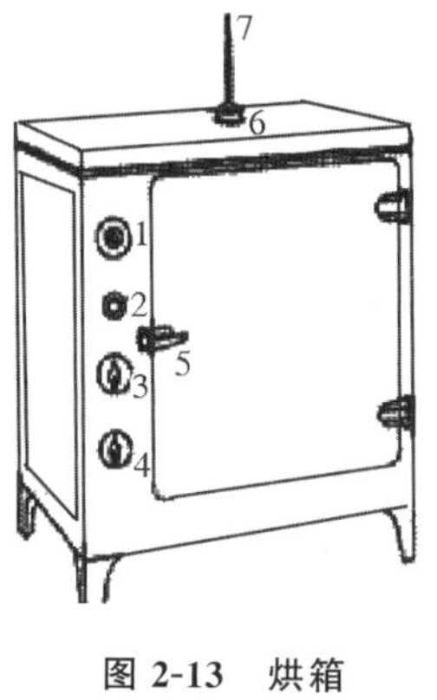

图 2-13　烘箱

1.温度控制器旋钮;2.指示灯;3.开关;
4.鼓风旋钮;5.拉手;6.排气阀;7.温度计。

三、主要仪器和试剂

1. 仪器

烘箱(带鼓风)、干燥器、称量瓶、分析天平、台秤、坩埚钳。

2. 试剂

$BaCl_2 \cdot 2H_2O$ 样品。

四、实验步骤

(1)取称量瓶三只,在瓶壁上的磨砂部分用铅笔编号。将称量瓶洗净,开盖,置于烧杯内,盖上表面皿,见图 2-14,放烘箱中在 120～125℃下烘干 1 h。烘干后用坩埚钳取出,放在干燥器中,盖好称量瓶盖及干燥器盖,冷却至室温。在分析天平上称量,重新烘干称量,重复至恒重。

图 2-14 称量瓶在烘箱中烘干

(2)取纯 $BaCl_2 \cdot 2H_2O$ 1.4～1.5 g 3 份,分别放在三只已恒重的称量瓶内,在分析天平上准确称重。放入 120～125℃烘箱内,开盖烘 2 h,用坩埚钳取出,放在干燥器内,盖好称量瓶盖及干燥器盖,冷却至室温,称重,重复烘干 1 h,称至恒重。

按下式计算氯化钡中结晶水含量:

$$结晶水含量=\frac{失水重}{试样重}\times 100\%$$

氯化钡结晶水的测定报告示例见表 2-6。

表 2-6 氯化钡结晶水的测定报告示例

项目	1	2	3
称量瓶质量/g			
第一次烘干	18.263 4	19.793 2	18.586 8
第二次烘干	18.263 4	19.793 0	18.586 7
(称量瓶+试样)质量/g	19.392 4	21.187 6	19.956 2
试样质量/g	1.129 0	1.394 6	1.369 5

续表 2-6

项目	1	2	3
（称量瓶＋试样）质量/g			
第一次烘干	19.2266	20.9820	19.7547
第二烘干	19.2263	20.9822	19.7545
第三次烘干	19.2262	20.9822	19.7546
水分质量/g	0.1662	0.2054	0.2016
结晶水含量/%	14.72	14.73	14.72
结晶水平均含量/%		14.72	
平均偏差（$\bar{d}$）/%		0.003	
相对平均偏差（$\bar{d}_r$）		0.02%	

五、注意事项

（1）实验结果与 $BaCl_2 \cdot 2H_2O$ 颗粒大小及在烘箱内放的位置有一定关系。

（2）烘后的称量瓶必须冷却至室温称量，而且称量速度要快。

六、思考题

（1）什么叫恒重？

（2）为什么称量瓶在装样前要烘至恒重？

（3）烘干后，为什么要冷却至室温时才能称重？温度高时称量，对结果有何影响？

二维码 1　分析天平的使用

二维码 2　电子天平称量操作

Chapter 3 第 3 章

滴定分析仪器及基本操作

在滴定分析中，滴定管、容量瓶、移液管和吸量管等，是分析化学实验中用来测量溶液体积的常用量器。溶液体积的准确测量是滴定分析中一项重要操作技术，是获得准确分析结果的必要因素，因此，必须正确和熟练地使用这些量器。下面介绍这些量器的规格和使用方法。

第一节　滴定管

滴定管是滴定时用来准确测量流出的操作溶液体积的量器。按容量大小和刻度的精密程度不同分为常量、半微量和微量滴定管。按用途可分为酸式滴定管和碱式滴定管，如图 3-1 所示。

常量滴定管：容积有 25 mL、50 mL、100 mL 等规格。其最小刻度为 0.1 mL，读数可估计到 0.01 mL，完成一次滴定的读数误差为 ±0.02 mL。常量分析中常用容积为 50 mL 的滴定管。

半微量滴定管：容积为 10 mL，其最小刻度为 0.1 mL、0.05 mL，读数可估计到 0.01 mL，完成一次滴定的读数误差为 ±0.02 mL。

微量滴定管：容积有 1 mL、2 mL、5 mL 等规格，其最小刻度为 0.005 mL、0.01 mL。附有自动加液漏斗。

酸式滴定管下端有玻璃旋塞开关，用来装入酸性、中性以及氧化性溶液。不宜装入碱性溶液，尤其不宜装入强碱性溶液。碱式滴定管的下端连接一段乳胶管，管内有玻璃珠以控制溶液的流出，乳胶管的下端再连接一尖嘴玻璃管。碱式滴定管可盛碱性溶液和无氧化性溶液，凡是能与乳胶管起反应的溶液都不能装入碱式滴定管中，如高锰酸钾、碘液和硝酸银等。由于一种新型的不怕碱的聚四氟乙烯旋塞的使用，克服了普通酸式滴定管怕碱的缺点，使酸式滴定管可用于酸、碱、氧化物等溶液的滴定，而聚四氟乙烯旋塞有弹性，通过调节旋塞尾部的螺帽，可调节旋塞与旋塞套间的紧密度。因而，此类通用滴定管无须涂凡士林，我们的实验中就使用这种聚四氟乙烯旋塞滴定管。

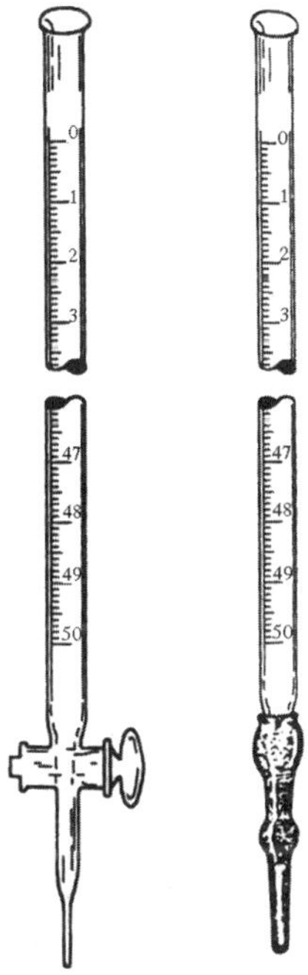

图 3-1　滴定管
左：酸式　右：碱式

一、滴定管的准备

1. 配套性检查

首先应检查外观和旋塞与旋塞套是否配合紧密，如不密合将会出现漏水现象，则不宜使用。碱管在使用前应检查乳胶管和玻璃珠是否完好。若乳胶管已老化，玻璃珠过大(不易操作)或过小(漏水)，应予更换。

2. 洗涤

干净的滴定管内壁，用水润湿时应不挂水珠，否则说明有污染。如无明显油污，可直接用自来水冲洗，再用滴定管刷蘸合成洗涤剂刷洗(不能用去污粉)。注意不能用刷头露出铁丝的毛刷，以免划伤内壁。如有明显油污，可倒入铬酸洗液 5～10 mL(碱式滴定管可卸下下端的乳胶管，安上一个橡皮头，再倒入洗液)。将滴定管倾斜，用两手不断转动滴定管，使洗液布满全管。然后竖直滴定管，打开旋塞，将洗液放回原瓶中。如果内壁污染严重，则需加满洗液浸泡一段时间(视污染程度而定)。用洗液洗完后，再用自来水冲洗干净，并将管外壁擦干，此时滴定管内壁应不挂水珠，否则要重洗。在用自来水冲洗或用蒸馏水清洗碱管时，应特别注意玻璃珠下方死角处的清洗。为此，在捏乳胶管时应不断改变方位，使玻璃珠的四周都洗到。

3. 旋塞涂油

为了使玻璃旋塞转动灵活并防止漏水，需将旋塞涂上凡士林或真空脂。其操作如下：把滴定管平放在实验台上，取下旋塞小头处的小橡皮圈，抽出旋塞，将旋塞及旋塞套用滤纸条擦干净，用手指蘸上少许凡士林或真空脂在旋塞孔两边均匀地、薄薄地涂上一层(图 3-2)。涂油时，不要涂得太多，以免旋塞孔被堵住。也不要涂的太少，以免漏液或旋塞转动不灵活。将涂好油的旋塞插入旋塞套中，插时旋塞孔应与滴定管平行，此时旋塞不要转动，以避免将油脂挤到旋塞孔中，然后向同一方向转动旋塞。涂好油的旋塞应是透明的，且转动灵活，若转动不灵活或出现纹路，说明涂油不够。如果油从旋塞隙缝溢出或挤入旋塞孔，表示涂油太多，出现上述情况时，必须重新涂油。涂好油后，用橡皮圈将旋塞套好，防止旋塞脱落。

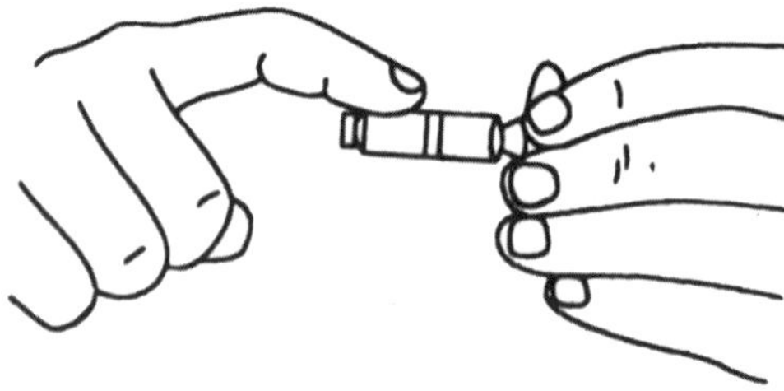

图 3-2　旋塞涂油

给滴定管涂好油后，要检查是否漏水。方法是：用自来水装满滴定管，直立 2 min，仔细观察有无水滴从出口或从旋塞缝隙渗出，然后将旋塞旋转 180°，再观察一次，若漏水，或转动不灵活，则重新涂油，若旋塞孔或滴定管尖被油脂堵塞，可插入热水中温热片刻，然后打开旋塞使管内的水突然流下，将软化的油脂冲出，或用一细铜丝从尖口捅出油脂。

如果滴定管不漏水，可用蒸馏水冲洗三次(每次 10 mL 左右)洗法同前，每次尽量将水倒尽。

4. 标准溶液的装入

为使标准溶液不被残留在滴定管内的水稀释，先用该标准溶液润洗 2～3 次(每次 7～

10 mL),洗法同前。润洗后应直接装入标准溶液。不得借用任何别的器皿,以免改变标准溶液浓度或造成污染。

滴定管装好标准溶液后,要将旋塞下端尖嘴部分或乳胶管玻璃珠下的气泡赶走,否则在滴定过程中气泡将逸出,影响溶液体积的准确测量。赶气泡的方法是:将酸式滴定管稍倾斜,打开旋塞使溶液急速流出把气泡赶走。碱式滴定管可将乳胶管弯曲 90°左右,使玻璃尖嘴向上,挤捏玻璃珠上边的乳胶管,使溶液从玻璃珠和胶管之间的缝隙快速流出,把气泡赶走。见图 3-3。

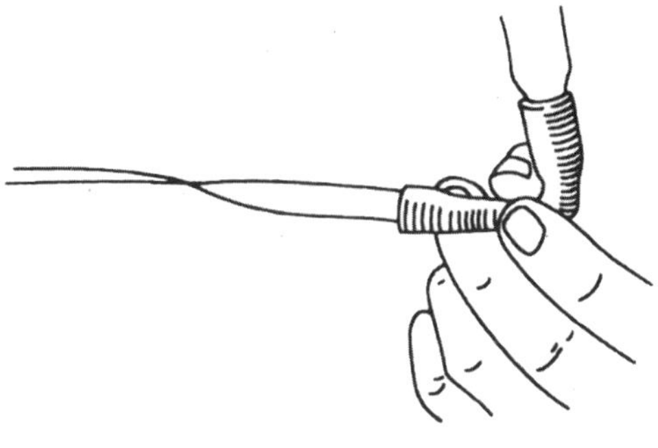

图 3-3 赶气泡

二、滴定管的读数

滴定管的读数不准确,通常是滴定分析误差的主要来源之一。因此,初学者应多次练习,切实掌握好正确的读数方法。为准确读数,应注意以下几点:

(1)读数时应将滴定管从滴定架上取下,拇指和食指捏住管上无刻度处,自然垂直,静置 1～2 min,然后读数。

(2)对于无色或浅色溶液,读数时可在管后衬一白纸,视线与液面平齐,然后读取与弯月面相切的刻度,估计到小数点后第二位(图 3-4)对于深色溶液如高锰酸钾和碘溶液等,则读取液面上沿刻度(图 3-5)。

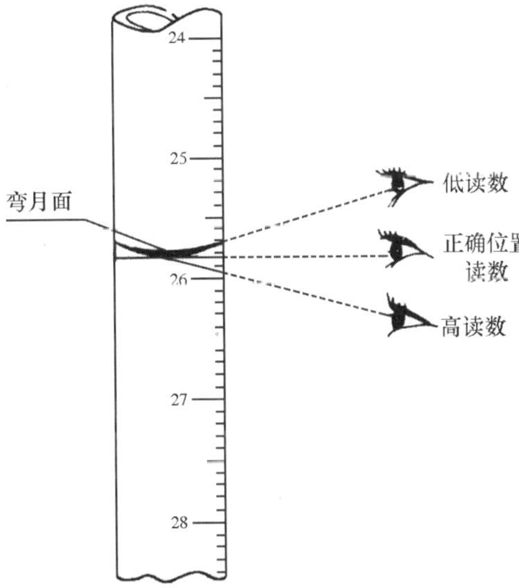

图 3-4 无色或浅色溶液的读数

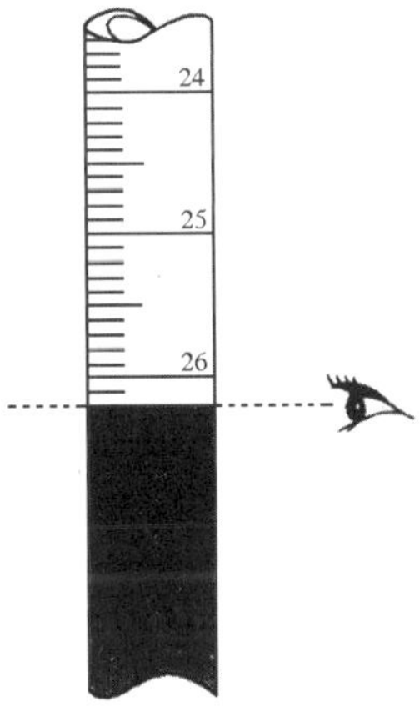

图 3-5 深色溶液的读数

(3)对于“蓝带”滴定管,液面呈现三角交叉点,则读取交叉点与刻度相交点的读数。

(4)滴定前和滴定后各读取一个数,终读数与初读数之差就是标准溶液用量。初读数每次最好调到 0.00 mL 处或“0”附近的刻度处,(不一定恰好为“0”)。这样每次滴定所用的溶液都差不多占滴定管的同一部位,以减少体积测量的误差。

三、滴定管的操作

进行滴定时,应将滴定管垂直地夹在滴定管架上。如使用的是酸式滴定管,左手控制玻璃旋塞,拇指在管前,食指和中指在管后,将旋塞轻轻转动,转动时中指与食指应轻轻向里扣,不致将旋塞拔出。注意手心不要顶住旋塞另一端,以免将旋塞顶出而漏液。右手持锥形瓶,滴定管尖端略插入瓶口,不要太高或太低。向同一方向作圆周运动使滴下的液体混合均匀。见图 3-6(a)。

如使用的是碱式滴定管,左手无名指及小指夹住出口管,用拇指与食指捏住玻璃珠所在部位,往一旁(左右均可)捏挤乳胶管,使溶液从玻璃珠旁空隙流出。

滴定也可在烧杯中进行,将滴定管尖端伸入烧杯内,边滴边用搅棒搅拌,搅拌不要太剧烈,以防溶液溅失。见图 3-6(b)。

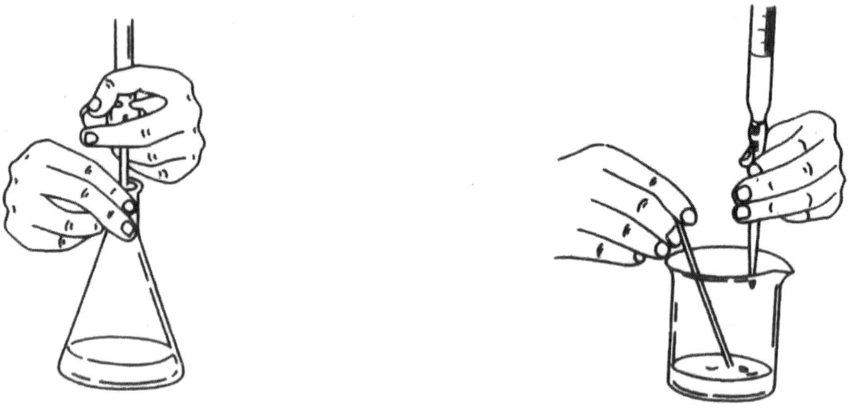

(a)　　(b)

图 3-6　滴定操作

滴定开始前应把悬挂在滴定管尖端的溶液除去。滴入标准溶液的速度以每秒 3 ～ 4 滴为宜,绝不能采用“流水式”滴定。接近终点时,速度要减慢,加一滴溶液摇几下,直到加入一滴或半滴溶液(即液滴未从玻璃管尖端滴下,使之接触锥形瓶内壁而流下或用玻璃棒接触液滴,使之沿玻璃棒流入溶液)变色为止,终点颜色 30 s 不消失,即为滴定终点。为了便于判断颜色变化,可在锥形瓶或烧杯下垫一白瓷板或白纸。滴定完毕后,用水冲洗滴定管,装满蒸馏水,管口套一个试管或塑料薄膜套。酸式滴定管若长期不用,旋塞应垫上纸条,否则时间太长,旋塞不易打开。

第二节　容量瓶

容量瓶是常用的测量容纳液体体积的量入式量器。它是一种细颈、呈梨形、平底的玻璃瓶，由无色或棕色玻璃制成。瓶口带有磨口玻璃塞或塑料塞，瓶颈上刻有环形标线。在指定温度下，当液体充满至刻线时，液体的体积和瓶上标识的体积相同。常用的容量瓶有 25 mL、50 mL、100 mL、250 mL、500 mL 和 1 000 mL 等多种规格。

容量瓶的主要用途是配制准确浓度的标准溶液或定量地稀释溶液。它与移液管配合使用，可把配成溶液的某种物质分成若干等份。为了正确使用容量瓶，应注意以下几点：

1. 容量瓶的检查

使用容量瓶前应先检查瓶塞是否漏水，标线位置距离瓶口是否太近，漏水或标线太近则不宜使用。检漏时，加自来水至刻度标线附近，盖好瓶塞，左手食指按住瓶塞，其余手指拿住瓶颈标线以上部位，右手指尖托住瓶底边缘。将瓶倒立 2 min，如不漏水，将瓶直立，转瓶塞 180°后，再倒立 2 min，仍不漏水方可使用。用橡皮筋将瓶塞系在瓶颈上，然后进行洗涤。洗涤原则同前。

2. 溶液配制

如果用固体直接配制标准溶液，可先准确称取一定量的固体（基准物）放在小烧杯中，加少量蒸馏水溶解，然后定量地转移至容量瓶中。转移时把溶液顺玻璃棒倒入，玻璃棒下端要靠住容量瓶内颈，使溶液沿瓶内壁流下，溶液流尽后，将烧杯顺玻璃棒向上提，使附在玻璃棒和烧杯嘴间的溶液流回烧杯中，再用洗瓶冲洗烧杯及玻璃棒，同法转移至容量瓶中，重复冲洗 3～4 次（每次 5～10 mL）。将洗涤液全部转移至容量瓶后，用蒸馏水稀释。当加水至容积约 2/3 处时，旋摇容量瓶使溶液混合（注意不可将容量瓶倒置）。继续加蒸馏水至标线下约 1 cm 处，等待 1～2 min，使附在瓶颈内壁的溶液流下后，再用滴管或洗瓶缓慢滴加蒸馏水至弯月面恰好与标线相切。盖紧瓶塞，一手握住瓶塞，一手托住瓶底，倒转容量瓶，使瓶内气泡升至溶液顶部，摇动数次，再将容量瓶倒转，摇动，重复 15～20 次，使瓶内溶液充分混匀（图 3-7a、b、c）。

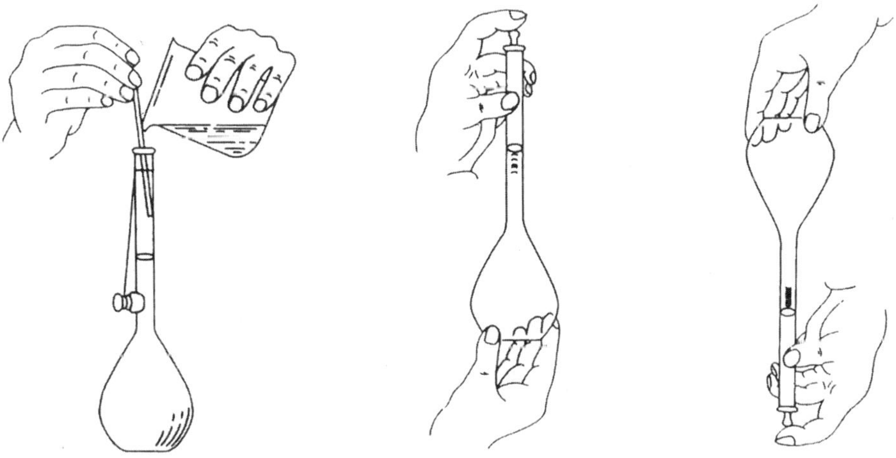

(a)　　(b)　　(c)

图 3-7　容量瓶的使用

3. 使用注意事项

(1)用容量瓶定容时，溶液温度应和瓶上标示的温度相一致。

(2)容量瓶不宜长期存放溶液，若溶液需用较长时间，可转移至试剂瓶中保存，试剂瓶应先用要装的溶液洗 2～3 次。

(3)容量瓶同量筒、量杯、吸量管和滴定管不得在烘箱中烘烤，也不能在电炉上加热，否则会在刻度标线处断裂。如需要干燥的容量瓶，可将容量瓶洗净，用无水乙醇等有机溶剂润洗后晾干或电吹风冷风吹干。

(4)容量瓶配套的塞子应挂在瓶颈上，以免沾污、丢失或打碎。

(5)容量瓶长时间不用时，瓶与塞之间应垫一小纸片。

第三节　移液管和吸量管

移液管是用来准确移取一定体积溶液的量器，它的中间有一膨大的部分，上下两端细长，上端刻有环形标线，在标明的温度下，当将溶液吸入管内使溶液的弯月面与标线相切，再将溶液放出，其体积就等于移液管上标明的容积。如图 3-8a 所示。常用的移液管有 10 mL、25 mL、50 mL、100 mL 等规格。可准确量取到小数点后第二位。

另一种移液管是刻有分度的玻璃管，叫刻度吸管或吸量管见图 3-8b。常用的吸量管有 1 mL、2 mL、5 mL、10 mL 等。用它可以吸取标示范围内所需任意体积的溶液，但其准确度不如移液管。将溶液吸取至与液面相切的刻度(液体放出至适当的刻度，两刻度之差即为放出液体的体积)。吸量管有两种，一种是刻度刻到管尖，一种是刻到离管尖尚差 1～2 cm，使用时应特别注意。

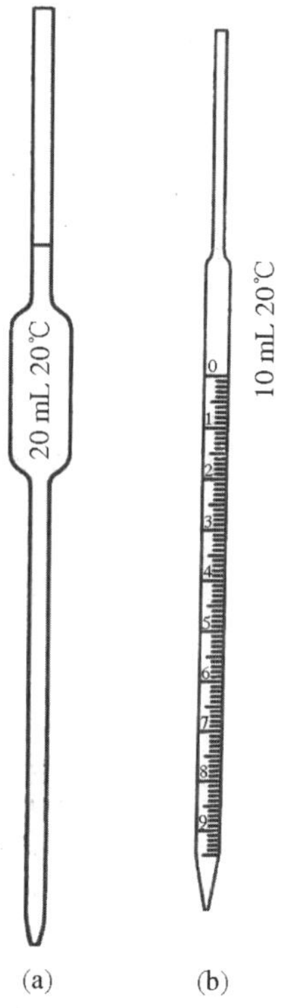

图 3-8　移液管

使用前先要将移液管洗涤干净，可先用铬酸洗液洗涤，方法是：用洗耳球把洗液慢慢吸至移液管约 1/4 处，用食指按住管口，把管横过来，转动移液管使洗液布满全管，洗完后将洗液放回原瓶，如果移液管内壁污染严重，则把移液管放入盛洗液的大量筒或高型玻璃缸中，浸泡 15 min 至数小时，取出后用自来水冲洗再用蒸馏水洗涤 2～3 次，(每次用水量以水面上升到球部 1/4 处为度)。移取溶液前，先用该溶液洗内壁 2～3 次以保证转移的溶液浓度不变。然后把移液管插入溶液液面以下 2～3 cm (容量瓶球部下 2～3 cm) 插入太浅，易吸空，会将溶液吸入洗耳球中，插入太深，移液管外壁附有过多的溶液(图 3-9)。用洗耳球把溶液吸至稍高于刻度处，迅速用食指按住管口，移液管提出液面，使管尖贴住贮液瓶内壁，用拇指和中指轻轻转动移液管，减轻食指压力，使溶液慢慢流出，此时眼睛要平视刻度，当溶液弯月面与刻线相切时，按紧管口，把准备接受溶液的容器稍倾斜，将移液管移入容器中，使管垂直，管尖靠着容器内壁，放开食指，让溶液自由流出(图 3-10)。待溶液不再流出再等待 15 s，取出移液管，切勿把残留在管尖的溶液吹出，因为在检定移液管体积时，没有把这部分体积计算在内。移液管使用完毕后，洗净放回移液管架。

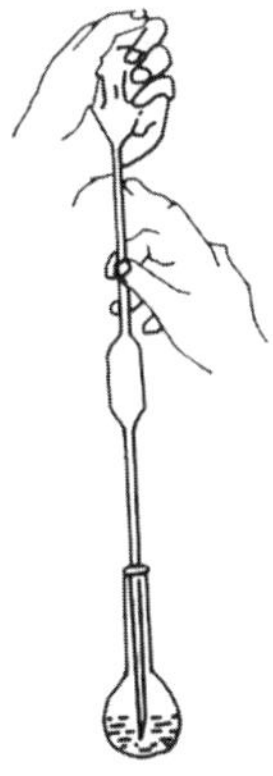

图 3-9 移液管吸液

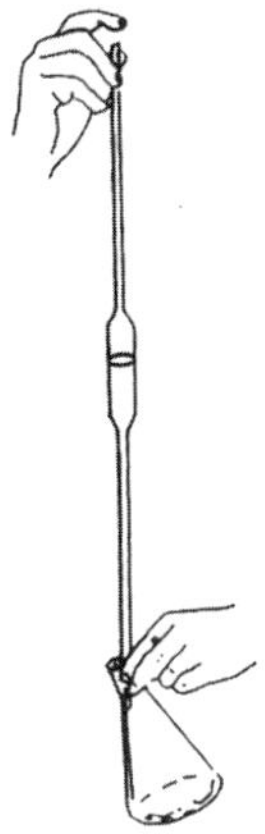

图 3-10 移液管放液

第四节 量器的校正

一、量器的允差

玻璃量器按具精度分为一等和二等(或 A 级和 B 级)。其允许的偏差(允差)见表 3-1 和表 3-2。

表 3-1 滴定管、移液管和刻度吸管的允许偏差

(根据国家计量总局基本玻璃量器检定规程 JJG 196—79) mL

容量	滴定管		移液管		刻度吸管	
	A 级	B 级	A 级	B 级	A 级	B 级
1	±0.005	±0.010	±0.007	±0.015	±0.008	±0.016
2	±0.005	±0.010	±0.010	±0.020	±0.010	±0.020
5	±0.010	±0.020	±0.015	±0.030	±0.025	±0.050
10	±0.025	±0.050	±0.020	±0.040	±0.050	±0.100
25	±0.040	±0.080	±0.030	±0.060	±0.050	±0.100
50	±0.050	±0.100	±0.050	±0.100	±0.100	±0.200
100	±0.10	±0.20	±0.08	±0.16		

表 3-2 量瓶(量入式)的允许偏差 mL

级别	容量						
	25	50	100	205	500	1000	2000
A 级	±0.03	±0.05	±0.10	±0.15	±0.25	±0.40	±0.60
B 级	±0.06	±0.10	±0.20	±0.30	±0.50	±0.80	±1.20

二、量器的校正

量器的容积随温度而变。因此必须对量器温度做统一规定，如果用标准升规定的温度（3.98℃）因太低不实用。所以采用实验室工作的平均温度，一般用20℃作为标准温度，我国生产的量器，其容积都是以20℃为标准标定的。例如标有20℃ 1 L的量器，表示在20℃时其容积为1标准升（即在真空中重1000 g水在3.98℃所占的体积）。升的千分之一是毫升，它是定量分析的基本单位。目前我国生产的量器的精度（表3-1，表3-2）可以满足一般分析工作的要求，无须校正，但在要求较高的分析工作中则必须对量器进行校正。

量器校正常采用称量法（或衡量法）即称量量器中所容纳（或放出）的水的质量。然后根据该温度下的密度将水的质量换算成标准温度20℃下的体积。不过由于玻璃容器和水的体积都受温度的影响，称量时还受空气浮力的影响，因此校正时必须考虑以下三个因素：

（1）水的密度随温度的变化而变化，即水的密度在高于或低于3.98℃时均会小于1 $kg \cdot L^{-1}$。

（2）温度的变化对玻璃量器胀缩的影响（但玻璃的膨胀系数很小，故影响也很小）。

（3）空气浮力的影响，在空气中称量水的质量因浮力的影响必然小于在真空中的质量。

在一定温度下三个因素的校正值是一定的，将其合并为一个总的校正值Δ。现将总校正值及其有关数据列于表3-3。

表3-3　在不同温度下用纯水充满20℃ 1 L玻璃容器水的质量

温度/℃	总校正值Δ/g	1 L水质量/g (1 000−Δ)	温度/℃	总校正值Δ/g	1 L水质量/g (1 000−Δ)
10	1.61	998.39	22	3.20	996.80
11	1.68	998.32	23	3.40	996.60
12	1.77	998.23	24	3.62	996.38
13	1.86	998.14	25	3.83	996.17
14	1.96	998.04	26	4.07	995.93
15	2.07	997.93	27	4.31	995.69
16	2.20	997.80	28	4.56	995.44
17	2.35	997.65	29	4.82	995.18
18	2.49	997.51	30	5.09	994.91
19	2.66	997.34	31	5.35	994.64
20	2.82	997.18	32	5.66	994.34
21	3.00	997.00	33	5.91	994.06

注：空气中用黄铜砝码称重。

表3-3所列数据是经过精确测量而得出的。根据此表可计算任一温度下某一定质量的纯水所占的容积。

【例1】 在15℃时，某250 mL容量瓶以黄铜砝码称量，其中水的质量为249.52 g，计算该瓶在15℃时的容积是多少？

解：由表 3-3 查得，为得到某容器在 15℃、容积为 1 L 时应称取的水重为 997.93 g，即水的密度为（包括容器校正在内）为 0.997 93 g·mL^{-1}。所以容量瓶在 15℃ 时的真正容积为：

$$V_{15} = 249.52 \div 0.99793 = 250.04\ (mL)$$

【例 2】欲使容量瓶在 20℃ 的容积为 500.0 mL，则在 16℃，在空气中以黄铜砝码称重时，应称取纯水多少克？

解：由表 3-3 查得，在 16℃ 时，为得到某容器在 20℃ 的容积为 1 L 时，应称取的纯水重为 997.80 g，则容积为 500.0 mL 应称取纯水：

$$500.0 \times 997.80/1000 = 498.9\ (g)$$

1. 容量瓶、移液管的校正

（1）容量瓶的校正　用最大负载为 2 000 g 的天平，称出干净而又干燥的容量瓶的质量（250 mL 容量瓶称准至 0.01 g，1 L 容量瓶称准至 0.05 g）。将蒸馏水倒入容量瓶至标线处，用滤纸吸干瓶颈内壁和瓶外水珠，称重，两次称重之差即为蒸馏水质量。由该温度下水的密度（表 3-3）可算出容量瓶的容积。

（2）移液管的校正　先称量一个具玻璃塞的小锥形瓶，用移液管吸取蒸馏水至标线处，放入锥形瓶中，再称重。两次称重之差即为移液管放出的蒸馏水质量，由该温度下水的密度可计算移液管的容积。

（3）容量瓶和移液管的互相校正　多数分析工作中，容量瓶常与移液管配合使用，因此，要知道它们的相对关系是否符合。例如，用 25 mL 移液管从 250 mL 容量瓶中吸取的溶液是否准确地为总量的 1/10。校正这种相对关系时，只需用移液管吸取蒸馏水注入干燥的容量瓶中，如此十次后，观察液面是否与标线相符，若不相符，可另做一标记，使用时以此标记为标线。

2. 滴定管的校正

在洗净的滴定管中装满蒸馏水，将液面调到“0”刻度处，放出一段水 10 mL 于称重 50 mL 具玻璃塞的锥形瓶中，称量至 0.01 g。再放一段水于同一锥形瓶中，再称重，如此逐段放水称量，直到刻度“50”处为止，由各段水重计算出滴定管各段的体积。现举例如表 3-4 所示。

表 3-4　滴定管校正示例（水温 21℃；水密度：0.9970 g·cm^{-3}；空瓶质量：29.20 g）

滴定管读数/mL	读数容积/mL	瓶与水的质量/g	水的质量/g	真实容积/mL	校正值/mL
0.00	0.00	29.20	0.00		
10.10	10.10	39.28	10.08	10.12	+0.02
20.07	9.97	49.19	9.91	9.95	−0.02
30.14	10.07	59.27	10.08	10.12	+0.05
40.17	10.03	69.24	9.97	10.01	−0.02
49.96	9.79	79.07	9.83	9.87	+0.08

以滴定管读数为横坐标，校正值为纵坐标，绘制成滴定管校正曲线，使用时以实际读数加上从曲线上所查得的校正值，即为所用溶液的真实体积。

二维码 3　滴定管的操作*

二维码 4　容量瓶的操作*

二维码 5　移液管和吸量管的操作*

Chapter 4 第 4 章

酸碱滴定法

酸碱滴定法又称为中和法，是以质子传递反应为基础的滴定分析法。在酸碱滴定中常采用强酸、强碱溶液为滴定剂，根据 $c \cdot K_a \geqslant 10^{-8}$ 或 $c \cdot K_b \geqslant 10^{-8}$ 判别式来判断该酸碱物质能否被准确滴定。不能被滴定的弱酸、弱碱水溶液，常采用其他方法进行强化后滴定，如非水滴定法、铵盐甲醛法、沉淀法、混合溶剂滴定法等，使弱酸、弱碱物质水溶液也能被准确滴定。

作为滴定剂的强酸、强碱（常用氢氧化钠和盐酸）很难得到纯净的物质。因此，它们的浓度通常都用另一种能与它们准确反应的物质（称为基准物质），如邻苯二甲酸氢钾、无水 Na_2CO_3、硼砂等进行校正（称为标定），从而获得其准确的溶液浓度并用于样品的分析测定，这是酸碱滴定法分析结果计算的依据。

酸碱滴定法是应用较为广泛的滴定分析法之一。

实验四 酸碱标准溶液的配制和相互比较滴定

一、实验目的

（1）学会配制酸碱标准溶液。

（2）掌握酸碱滴定法原理，加深对化学计量点的理解和应用。

（3）训练滴定基本操作技术和正确判断终点的能力。

二、实验原理

浓 HCl 易挥发、浓度不确定，NaOH 不易制纯，在空气中易吸收 CO_2 和水分。因此，酸碱标准溶液要采用间接法配制，即先配制成近似浓度的溶液，再用基准物质进行标定。

0.1 mol·L^{-1}NaOH 溶液滴定等浓度的 HCl 溶液，滴定的突跃范围为 pH 4.3～9.7，可用酚酞（变色范围 pH 8.0～9.6）和甲基橙（变色范围 pH 3.1～4.4）作指示剂。甲基橙和酚酞变色的可逆性好，当浓度一定的 NaOH 和 HCl 相互滴定时，所消耗的体积比 $V(\mathrm{HCl})/V(\mathrm{NaOH})$ 应是固定的。

酸碱反应的实质是：$$H^+ + OH^- \longrightarrow H_2O$$

反应到达化学计量点时，消耗酸和碱的物质的量相等，即

$$n(\mathrm{HCl})=n(\mathrm{NaOH})$$
$$c(\mathrm{HCl})\cdot V(\mathrm{HCl})=c(\mathrm{NaOH})\cdot V(\mathrm{NaOH})$$
$$\frac{V(\mathrm{HCl})}{V(\mathrm{NaOH})}=\frac{c(\mathrm{NaOH})}{c(\mathrm{HCl})}$$

通过酸碱比较滴定，可以确定终点时两者的体积比，即它们浓度比的倒数。因此，只要标定其中任何一种溶液的浓度，由比较滴定所得的体积比 $V(\mathrm{HCl})/V(\mathrm{NaOH})$，就可计算出另一种溶液的浓度。但在较精密的分析实验中，一般都是利用基准物直接标定酸和碱标准溶液的，而不用比较滴定的方法求出另一种酸或碱的浓度。因为比较滴定的误差，都可能反映到所求的浓度中，不如直接标定准确可靠。

三、主要仪器和试剂

1. 仪器

滴定管、锥形瓶、量筒、烧杯、台秤、试剂瓶。

2. 试剂

NaOH(s)、浓 HCl($\rho=1.18\ \mathrm{g\cdot mL^{-1}}$)、$2\ \mathrm{g\cdot L^{-1}}$ 酚酞乙醇溶液、$1\ \mathrm{g\cdot L^{-1}}$ 甲基橙水溶液。

四、实验步骤

1. $0.1\ \mathrm{mol\cdot L^{-1}}$ NaOH 溶液的配制

用洁净的小烧杯于台秤上称取 2.0 g NaOH(s)，加蒸馏水 50 mL，使全部溶解，转入 500 mL 试剂瓶中，用少量蒸馏水冲洗小烧杯数次，将冲洗液一并转入试剂瓶中，再加蒸馏水至总体积 500 mL，盖上橡皮塞，摇匀，贴上标签。

2. $0.1\ \mathrm{mol\cdot L^{-1}}$ HCl 溶液的配制

在通风橱内用洁净的小量筒取市售浓 HCl 4.2～4.5 mL，倒入 500 mL 试剂瓶中，再加水稀释至 500 mL，盖上瓶塞，摇匀，贴上标签。

3. 酸碱溶液比较滴定

(1)按第三章第一节中所述方法准备好酸式和碱式滴定管各一支。分别用 5～10 mLHCl 和 NaOH 溶液润洗酸式和碱式滴定管 2～3 次。再分别装入 HCl 和 NaOH 溶液，排除气泡，调节液面至零刻度或稍下一点的位置，静止 1 min 后，记下初读数。

(2)由碱式滴定管以每分钟 10 mL 的流速放出约 20 mL NaOH 于锥形瓶中，加入 1～2 滴甲基橙指示剂，用 $0.1\ \mathrm{mol\cdot L^{-1}}$ HCl 溶液滴至溶液颜色变为橙色。再滴入几滴 NaOH 溶液，溶液颜色又从橙色转变为黄色，再用 HCl 溶液滴定到由黄色变为橙色，如此反复练习，直至达到当加入一滴或半滴 HCl 溶液，溶液的颜色由黄色变为橙色为止，读取终读数并准确记录 HCl 和 NaOH 的体积，平行测定三次。计算 $V(\mathrm{HCl})/V(\mathrm{NaOH})$，要求相对平均偏差不大于 0.3%。

(3)由酸式滴定管放出 25 mL $0.1\ \mathrm{mol\cdot L^{-1}}$ HCl 于锥形瓶中，加 1～2 滴酚酞指示剂，用 $0.1\ \mathrm{mol\cdot L^{-1}}$ NaOH 溶液滴定至溶液呈微红色，且 30 s 不褪色为终点。读取并准确记录 HCl 和 NaOH 溶液的体积，平行测定三次。计算 $V(\mathrm{HCl})/V(\mathrm{NaOH})$，要求相对平均偏差不大于 0.3%。

如时间允许，这两种相互滴定均可进行，将所得结果比较，并讨论之。

五、数据记录与实验报告示例

酸碱溶液比较滴定实验数据示例见表 4-1。

表 4-1 酸碱溶液的比较滴定

项目	序号		
	1	2	3
V(HCl)终读数/mL	21.10	21.23	21.18
V(HCl)初读数/mL	0.00	0.10	0.02
V(HCl)/mL	21.10	21.13	21.16
V(NaOH)终读数/mL	21.08	21.10	21.09
V(NaOH)初读数/mL	0.00	0.04	0.02
V(NaOH)/mL	21.08	21.06	21.07
V(HCl)/V(NaOH)	1.001	1.003	1.004
V(HCl)/V(NaOH)平均值	1.003		
相对平均偏差/%	0.1		

六、注释

(1)不含 CO_3^{2-} 盐的 NaOH 溶液可用下列三种方法配制。

①在台秤上用小烧杯称取较理论量稍多的 NaOH(s)，用不含 CO_2 蒸馏水快速冲洗一次，以除去固体表面少量的 Na_2CO_3，溶解并稀释至一定体积。

②制备 NaOH 的饱和溶液($500\ g\cdot L^{-1}$)。由于浓碱中 Na_2CO_3 几乎不溶解，待 Na_2CO_3 下沉后，吸收上层液，稀释至所需浓度。稀释用水，一般是将蒸馏水煮沸数分钟，再冷却至室温。

③在 NaOH 溶液中加入少量 $Ba(OH)_2$ 或 $BaCl_2$，CO_3^{2-} 就以 $BaCO_3$ 形成沉淀下来，取上层清液稀释至所需浓度。

(2)用 NaOH 滴定 HCl，以酚酞作指示剂，终点为微红色，半分钟不褪。如果经较长时间慢慢褪去，那是由于溶液中吸收了空气中的 CO_2 生成 H_2CO_3 所致。

七、思考题

(1)为什么 HCl 和 NaOH 标准溶液一般都用标定法配制，而不用直接法配制？

(2)配制酸碱标准溶液时，为什么用量筒取 HCl，用台秤称取 NaOH(s)，而不用吸量管和分析天平？

(3)标准溶液装入滴定管之前，为什么要用该溶液润洗滴定管 2～3 次？而锥形瓶是否也需先用该溶液润洗或烘干，为什么？

(4)滴定至临近终点时加入半滴溶液的操作是怎样进行的？

实验五　酸碱标准溶液浓度的标定

一、实验目的

(1)学会用基准物质标定酸碱溶液浓度的方法。

(2)进一步掌握滴定操作。

二、实验原理

酸碱滴定中最常用的 NaOH 和 HCl 标准溶液是采用间接法配制的，因此必须用基准物质标定其准确浓度。

标定酸碱的基准试剂比较多，现各举两种常用的例子。

1. 标定碱的基准物质

(1)邻苯二甲酸氢钾($KHC_8H_4O_4$)　它易制得纯品，在空气中不吸水，容易保存，摩尔质量较大，是一种较好的基准物质，标定反应如下：

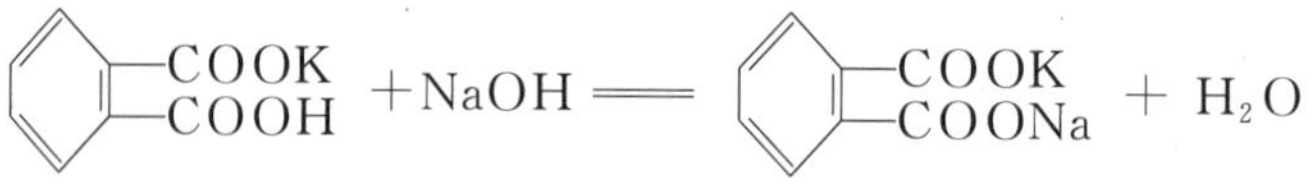

反应产物为二元弱碱，在水溶液中显微碱性，可用酚酞作指示剂。

邻苯二甲酸氢钾通常在 105～110℃下干燥 2 h 后备用，干燥温度过高，则脱水成为邻苯二甲酸酐。

(2)草酸($H_2C_2O_4 \cdot 2H_2O$)　它在相对湿度为 5%～95%时不会风化失水，故将其保存在磨口玻璃瓶中即可。草酸固体状态比较稳定，但溶液状态的稳定性较差，空气能使 $H_2C_2O_4$ 慢慢氧化，光和 Mn^{2+} 能催化其氧化，因此，$H_2C_2O_4$ 溶液应置于暗处存放。

草酸是二元酸，K_{a1} 和 K_{a2} 相差不大，不能分步滴定，但两级离解的 H^+ 一次被滴定。标定反应为：

$$2NaOH + H_2C_2O_2 = Na_2C_2O_4 + 2H_2O$$

反应产物为 $Na_2C_2O_4$，在水溶液中显微碱性，可用酚酞作指示剂。

2. 标定酸的基准物质

(1)无水碳酸钠(Na_2CO_3)　它易吸收空气中的水分，先将其置于 270～300℃干燥 1 h，然后于干燥器中备用，其标定反应为：

$$Na_2CO_3 + 2HCl = 2NaCl + CO_2 + H_2O$$

计量点时，为 H_2CO_3 饱和溶液，pH 为 3.9，以甲基橙作指示剂应滴定呈橙色为终点。为使 H_2CO_3 的过饱和部分不断分解逸出，临近终点时应将溶液剧烈摇动或加热。

(2)硼砂($Na_2B_4O_7 \cdot 10H_2O$)　它易制得纯品，吸湿性小，摩尔质量大，但由于含结晶水，当空气中相对湿度小于 39%时，有明显的风化而失水的现象，常保存在相对湿度为 60%的恒温器(下置饱和蔗糖和食盐溶液)中。其标定反应为：

$$Na_2B_4O_7 + 2HCl + 5H_2O = 2NaCl + 4H_3BO_3$$

产物为 H_3BO_3，其水溶液 pH 约为 5.1，可用甲基红作指示剂。

三、主要仪器和试剂

1. 仪器

分析天平、称量瓶、滴定管、锥形瓶。

2. 试剂

0.1 mol·L^{-1}NaOH、0.1 mol·L^{-1}HCl、无水 Na_2CO_3(A. R)、邻苯二甲酸氢钾(A. R)、硼砂(A. R)、甲基橙指示剂、甲基红指示剂、酚酞指示剂。

四、实验步骤

1. HCl 溶液浓度标定

(1)用无水 Na_2CO_3 标定　在分析天平上准确称取 0.15～0.20 g 无水 Na_2CO_3 3 份，分别放入 250 mL 锥形瓶中，用约 30 mL 蒸馏水溶解后，加入 1～2 滴甲基橙，分别用 0.1 mol·L^{-1} HCl 溶液滴定至溶液由黄色变为橙色为终点。读取并准确记录滴定每份 Na_2CO_3 溶液所消耗的 0.1 mol·L^{-1}HCl 溶液的体积。计算 HCl 标准溶液的浓度。

(2)用硼砂标定　准确称取 0.4～0.5 g 硼砂 3 份，分别放入 250 mL 锥形瓶中，各加入约 30 mL 蒸馏水，加热溶解，冷却后加入 5～6 滴甲基红指示剂，用 0.1 mol·L^{-1} HCl 溶液滴定至溶液由黄色变为橙色，即为终点。根据称取硼砂的质量和滴定时所消耗的 HCl 溶液的体积，计算 HCl 标准溶液的准确浓度。

2. NaOH 溶液浓度标定

(1)用邻苯二甲酸氢钾标定　准确称取邻苯二甲酸氢钾 0.4～0.5 g 于 250 mL 锥形瓶中，加约 30 mL 蒸馏水，温热使之溶解，冷却后加入 1～2 滴酚酞指示剂，用 0.1 mol·L^{-1}NaOH 溶液滴定/至溶液呈微红色，30 s 不褪色，即为终点。平行标定 3 份，计算 NaOH 标准溶液的浓度，其相对平均偏差不应大于 0.2%。

(2)由酸、碱溶液的体积比和 HCl 溶液的准确浓度计算出 NaOH 溶液的浓度。

五、数据记录与实验报告示例

HCl 溶液浓度标定数据记录示例见表 4-2。

表 4-2　HCl 溶液浓度的标定

项目	序号		
	1	2	3
(倾出前)(硼砂+称量瓶)质量/g	12.458 4	12.004 0	11.542 3
(倾出后)(硼砂+称量瓶)质量/g	12.004 0	11.542 3	11.083 3
$m(Na_2B_4O_7 \cdot 10H_2O)$/g	0.454 4	0.461 7	0.459 0
V(HCl)终读数/mL	22.23	22.52	22.47

续表 4-2

项目	序号		
	1	2	3
$V(HCl)$初读数/mL	0.02	0.00	0.01
$V(HCl)$/mL	22.21	22.52	22.46
$c(HCl)/(mol\cdot L^{-1})$	0.107 3	0.107 5	0.107 2
$c(HCl)$平均值/$(mol\cdot L^{-1})$	0.107 3		
相对平均偏差/%	0.1		

六、思考题

(1)如何计算称取基准物质 Na_2CO_3、$Na_2B_4O_7\cdot 10H_2O$ 和邻苯二甲酸氢钾的质量范围？称得太多或太少对标定有何影响？

(2)溶解基准物时加入 30 mL 水，是用量筒取，还是用移液管取？为什么？

(3)如果基准物未烘干，将使标准溶液浓度的标定结果偏高还是偏低？

(4)用 NaOH 标准溶液标定 HCl 溶液浓度时，以酚酞为指示剂，用 NaOH 滴定 HCl 时，若 NaOH 溶液因贮存不当吸收了 CO_2，问对测定结果有何影响？

实验六　铵盐中氮含量的测定(甲醛法)

一、实验目的

(1)掌握甲醛法测定铵盐中含氮量的原理。

(2)学会用酸碱滴定法间接测定氮肥中的含氮量。

(3)进一步熟悉酸碱滴定中指示剂的选用。

二、实验原理

铵盐 NH_4Cl 和 $(NH_4)_2SO_4$ 是常用的氮肥，是强酸弱碱盐，由于 NH_4^+ 的酸性太弱($K_a=5.6\times10^{-10}$)，故无法用 NaOH 标准溶液直接滴定。生产和实验室中广泛采用甲醛法测定铵盐中的含氮量。甲醛法是基于如下反应：

$$4NH_4^+ + 6HCOH \longrightarrow (CH_2)_6N_4H^+ + 3H^+ + 6H_2O$$

生成的 H^+ 和 $(CH_2)_6N_4H^+$ ($K_a=7.1\times10^{-6}$)可用 NaOH 标准溶液滴定，计量点时产物为 $(CH_2)_6N_4$，其水溶液显微碱性，可选用酚酞作指示剂。

由上述反应可知，1 mol NH_4^+ 相当于 1 mol H^+，故氮与 NaOH 的物质的量比为 1∶1，据此可计算物质的含氮量。

三、主要仪器和试剂

1. 仪器

容量瓶、移液管、滴定管、分析天平、锥形瓶、烧杯等。

2. 试剂

0.1 mol·L^{-1} NaOH 溶液、酚酞指示剂、中性甲醛(1∶1)、$(NH_4)_2SO_4$ 试样等。

四、实验步骤

用差减称量法准确称取$(NH_4)_2SO_4$ 试样约 1.5 g 于小烧杯中，加 30 mL 蒸馏水使其溶解，然后定量转移至 250 mL 容量瓶中定容，摇匀。

用移液管准确移取上述溶液 25.00 mL 于 250 mL 锥形瓶中[1]，加入 10 mL 18%中性甲醛溶液[2]，摇匀，放置 1 min，然后加 1～2 滴酚酞，在充分摇动下用 NaOH 的标准溶液滴定至溶液呈现微红色，并保持 30 s 不褪色即为终点，记取 NaOH 标准溶液的用量。平行测定三份。计算试样中的含氮量 ω(N)及相对平均偏差。

五、数据记录与处理

(1)列表记录各项实验数据。

(2)按下式计算$(NH_4)_2SO_4$ 中氮的质量分数。

$$\omega(\mathrm{N})=\frac{c(\mathrm{NaOH})\cdot V(\mathrm{NaOH})\times\dfrac{M(\mathrm{N})}{1\,000}}{m_{\mathrm{s}}\times\dfrac{25.00}{250.0}}\times 100\%$$

六、注释

[1]如果铵盐中含有游离酸，应事先中和除去，先加甲基红指示剂，用 NaOH 溶液滴定至橙色，然后再加入甲醛进行测定。

[2]甲醛中常含有微量甲酸，应预先以酚酞为指示剂，用 0.1 mol·L^{-1}NaOH 标准溶液中和至溶液显淡红色以除去。

七、思考题

(1)NH_4NO_3、NH_4HCO_3 中的含氮量能否用甲醛法进行测定？

(2)$(NH_4)_2SO_4$ 试样溶解于水后呈现酸性还是碱性？能否用 NaOH 标准溶液直接测定其中含氮量？

(3)尿素 $CO(NH_2)_2$ 中含氮量的测定，可先加 H_2SO_4 后加热消化，全部变成$(NH_4)_2SO_4$ 后，再用甲醛法测定，试写出含氮量的计算式。

实验七　混合碱的测定(双指示剂法)

一、实验目的

(1)掌握用双指示剂法测定混合碱中各组分的含量以及总碱量的测定方法和原理。

(2)了解酸碱滴定法在实际生产中的应用。

二、实验原理

混合碱通常是 Na_2CO_3 与 NaOH 或 Na_2CO_3 与 $NaHCO_3$ 的混合物,常用双指示剂法测定其含量。原理如下:

在混合碱的试液中先加入酚酞指示剂,用 HCl 标准溶液滴定至溶液呈微红色。此时试液中所含 NaOH 完全被中和,Na_2CO_3 也被滴定成 $NaHCO_3$,设滴定消耗 HCl 标准溶液的体积为 V_1(mL)。反应如下:

$$NaOH + HCl = NaCl + H_2O$$

$$Na_2CO_3 + HCl = NaHCO_3 + NaCl$$

再加入甲基橙指示剂,继续用 HCl 标准溶液滴定至溶液由黄色变为橙色即终点。此时 $NaHCO_3$ 被中和成 H_2CO_3,反应式为:

$$NaHCO_3 + HCl = NaCl + CO_2\uparrow + H_2O$$

设此时消耗 HCl 标准溶液的体积为 V_2(mL)。根据 V_1 和 V_2 可以判断出混合碱的组成。设试液的体积为 V(mL)。

当 $V_1>V_2$ 时,试液为 NaOH 和 Na_2CO_3 的混合物,NaOH 和 Na_2CO_3 的含量[以质量浓度 $\rho(g\cdot L^{-1})$表示]可由下式计算:

$$\rho(NaOH)=\frac{(V_1-V_2)\times c(HCl)\times M(NaOH)}{V}$$

$$\rho(Na_2CO_3)=\frac{V_2\times c(HCl)\times M(Na_2CO_3)}{V}$$

当 $V_1<V_2$ 时,试液为 Na_2CO_3 和 $NaHCO_3$ 的混合物,各组分的含量由下式计算:

$$\rho(Na_2CO_3)=\frac{V_1\times c(HCl)\times M(Na_2CO_3)}{V}$$

$$\rho(NaHCO_3)=\frac{(V_2-V_1)\times c(HCl)\times M(NaHCO_3)}{V}$$

如果需要测定混合碱的总碱量,通常以 Na_2O 的含量来表示总碱度,其计算式如下:

$$\rho(Na_2O)=\frac{(V_1+V_2)\times c(HCl)\times M(Na_2O)}{2V}$$

三、主要仪器和试剂

1. 仪器

移液管、滴定管、锥形瓶。

2. 试剂

0.1 $mol \cdot L^{-1}$ HCl标准溶液、甲基橙指示剂、酚酞指示剂、混合碱试液。

四、实验步骤

用移液管移取25.00 mL混合碱试液于250 mL锥形瓶中,加2～3滴酚酞指示剂[1],以0.1 $mol \cdot L^{-1}$ HCl标准溶液滴定至溶液由红色变为微红色[2],为第一终点,记下消耗HCl标准溶液体积V_1(mL),再加入2滴甲基橙指示剂,继续用HCl标准溶液滴定至溶液由黄色变为橙色[3],为第二终点,记下第二次用去HCl标准溶液体积V_2(mL)。平行测定3次,根据V_1、V_2的大小判断混合碱的组成,计算各组分的含量。再根据HCl标准溶液所消耗用的总体积(V_1+V_2)计算混合碱的总碱度,分别计算它们的相对平均偏差。

五、注释

[1]混合碱由NaOH和Na_2CO_3组成时,酚酞指示剂可适当多加几滴,否则因滴定不完全使NaOH的测定结果偏低,Na_2CO_3的测定结果偏高。

[2]最好用$NaHCO_3$的酚酞溶液(浓度相当)作对照。

[3]近终点时,一定要充分摇动,以防形成CO_2的过饱和溶液而使终点提前到达。

六、思考题

(1)用双指示剂法测定混合碱组成的方法原理是什么?

(2)采用双指示剂法测定混合碱,试判断下列五种情况下,混合碱的组成。

①$V_1=0,V_2>0$ ②$V_1>0,V_2=0$ ③$V_1>V_2$ ④$V_1<V_2$ ⑤$V_1=V_2$

实验八 食醋总酸量的测定

一、实验目的

(1)掌握强碱滴定弱酸的滴定过程、突跃范围及指示剂的选择。

(2)掌握食醋中总酸量的测定方法。

二、实验原理

食醋的主要成分是醋酸,此外还有少量其他弱酸。用NaOH滴定时,醋酸和其他弱酸一起中和,因此测出的是总酸量,计算结果以含量最多的醋酸来表示。用NaOH滴定时反应为

$$NaOH + HAc = NaAc + H_2O$$

化学计量点的 pH=8.7 左右，通常选用酚酞作指示剂。

食醋中约含 HAc 3%～5%，浓度较大，且颜色较深，必须稀释后再测定。如食醋的颜色较深时，可用中性活性炭脱色后再测定。稀释食醋的蒸馏水应经过煮沸，除去 CO_2。

三、主要仪器和试剂

1. 仪器

碱式滴定管、容量瓶、锥形瓶、移液管。

2. 试剂

0.1 mol·L NaOH 溶液、食醋试样、酚酞指示剂。

四、实验步骤

(1)用移液管准确移取 25.00 mL 食醋原液于 250 mL 容量瓶中，加新煮沸后冷却蒸馏水稀释至刻度，充分摇匀。

(2)用移液管吸取 25.00 mL 已稀释的食醋 3 份，分别放入 3 个 250 mL 锥形瓶中，加入 2 滴酚酞，用 NaOH 标准溶液滴定至溶液呈浅粉红色，并在 30 s 内不褪色为止。记录 NaOH 溶液的体积，计算原食醋溶液质量浓度 $\rho(\mathrm{HAc})(\mathrm{g \cdot L^{-1}})$ 及相对平均偏差。

五、数据记录与处理

(1)列表记录各项实验数据。

(2)按下式计算食醋的总酸量。

$$\rho(\mathrm{HAc})(\mathrm{g \cdot L^{-1}})=\frac{c(\mathrm{NaOH})\cdot V(\mathrm{NaOH})\times\frac{M(\mathrm{HAc})}{1\,000}}{25.00\times\frac{25.00}{250.0}}\times 1\,000$$

六、思考题

(1)测定醋酸含量时，所用的蒸馏水不能含 CO_2，为什么？

(2)滴定到达终点，在读完滴定管读数后，发现滴定管尖嘴上还留有一滴 NaOH 溶液，这对食醋总酸量的测定有什么影响？

(3)测定醋酸为什么要用酚酞作指示剂？用甲基橙或甲基红为什么不可以？

实验九　食品中有机酸总酸度的测定(设计性实验)

一、目的与要求

(1)本实验为设计性实验，学生应到图书馆查阅有关测定方法的资料，按照《分析化学实验》的主要格式，写出方案，其内容主要包括：

①原理，应将方法原理、有关计算全部详细写出。

②仪器与试剂，试剂溶液的配制方法和标准溶液的标定方法。

③分析步骤，要详细的分析过程。

④结果和数据处理。

(2)将方案交老师审阅。

(3)根据方案来完成实验，并进行讨论。

二、提示

(1)食品中有机酸总酸量是指食品中所含酸性物质的总量，通常用所含主要酸的百分数表示。

(2)果蔬类食品中，往往有几种有机酸同时存在，若没有指明其主要成分时，通常在计算结果时采用如下标准：仁果类及大部分浆果以苹果酸计算；葡萄以酒石酸计算；柑橘类以柠檬酸计算；山上野果以草酸计算。

(3)总酸度以百分含量表示时，体积折算成重量的折算系数为：苹果酸为 0.067；酒石酸为 0.075；醋酸为 0.060；草酸为 0.045；乳酸为 0.090；柠檬酸为 0.064；水合柠檬酸为 0.070。

(4)乳及乳制品的酸度用°T 表示，是百分含量的 10 倍。

(5)学生可以从柑橘、葡萄、番茄、奶粉、酸奶、苹果、香蕉等食品中任选 1～2 种进行实验。

二维码 6　滴定分析的基本操作*　二维码 7　工业纯碱中总碱量的测定*　二维码 8　有机酸含量的测定*

Chapter 5 第 5 章

配位滴定法

配位滴定法是以配位反应为基础的滴定分析方法。在配位滴定中，最常使用的滴定剂为 EDTA（乙二胺四乙酸二钠盐），它与大多数金属离子形成 1∶1配合物，此为定量计算的依据；而依据 $\lg c(\mathrm{M})K_f'(\mathrm{MY})\geqslant 6$ 作为准确滴定的判断式，此时滴定误差$\leqslant\pm 0.1\%$。值得注意的是，配位滴定的指示剂也是一种配位剂，只有当滴定剂与金属离子形成的配合物的条件稳定常数大于指示剂与金属离子形成的配合物的条件稳定常数的 100 倍以上时，才能准确滴定，否则滴定不会出现终点。此外，EDTA 在反应中有 H^+ 释放出，所以配位滴定通常需用缓冲溶液控制酸度；而且由于 EDTA 能与许多金属离子都形成配合物，在配位滴定中还必须考虑其他离子的干扰问题。

实验十　EDTA 标准溶液的配制与标定

一、实验目的

（1）了解 EDTA 标准溶液的配制和标定原理。

（2）掌握常用的标定 EDTA 的方法。

二、实验原理

大多数情况下，市售的 EDTA 含水 0.3%～0.5%，且含有少量杂质；由于水和其他试剂中常含有金属离子，故 EDTA 通常采用间接配制法配制。

标定 EDTA 溶液的基准物质很多，如金属 Zn、Pb、Bi 等，金属氧化物 ZnO、Bi_2O_3 等及盐类 $CaCO_3$、$MgSO_4\cdot 7H_2O$、$Zn(Ac)_2\cdot 3H_2O$ 等。通常选用其中与被测组分相同的物质作基准物，这样，标定条件与测定条件尽量一致，可减小误差。如测定水的硬度及石灰石中 CaO、MgO 含量时宜用 $CaCO_3$ 或 $MgSO_4\cdot 7H_2O$ 作基准物。金属 Zn 的纯度很高（纯度可达 99.99%），在空气中又稳定，Zn 与 ZnY 均无色，既能在 pH 5～6 以二甲酚橙为指示剂标定，又可在 pH 9～10 的氨性溶液中以铬黑 T 为指示剂标定，终点均很敏锐，因此一般多采用 Zn（ZnO 或 Zn 盐）为基准物质。

配位滴定中所用纯水应不含 Fe^{3+}、Al^{3+}、Cu^{2+}、Ca^{2+}、Mg^{2+} 等杂离子，通常采用去离子

水或一次蒸馏水，其规格应高于三级水。

EDTA 溶液应贮存在聚乙烯瓶或硬质玻璃瓶中，若贮存于软质玻璃瓶中，会不断溶解玻璃瓶中的 Ca^{2+} 形成 CaY，使 EDTA 浓度不断降低。

用 $CaCO_3$ 标定 EDTA 时，通常选用钙指示剂指示终点，用 NaOH 控制溶液 pH 为 12～13，其变色原理为：

滴定前　　Ca + In(蓝色) ══ CaIn(红色)

滴定中　　Ca + Y ══ CaY

终点时　　CaIn(红色) + Y ══ CaY + In(蓝色)

用 Zn 标定 EDTA 时，选用二甲酚橙（XO）作指示剂，以盐酸-六次甲基四胺控制溶液 pH 5～6。其终点反应式为

Zn-XO(紫红色) + Y ══ ZnY + XO(黄色)

三、主要仪器和试剂

1. 仪器

分析天平、容量瓶、移液管、锥形瓶、烧杯、表面皿。

2. 试剂

乙二胺四乙酸二钠盐(A. R.)、$CaCO_3$(G. R.)、金属锌(G. R.)、NH_3～NH_4Cl 缓冲溶液 (pH=10.0)、40 $g\cdot L^{-1}$ NaOH 溶液、200 $g\cdot L^{-1}$ 六次甲基四胺、钙指示剂、2 $g\cdot L^{-1}$ 二甲酚橙水溶液、1∶1 HCl 溶液。

四、实验步骤

1. 0.01 $mol\cdot L^{-1}$ EDTA 标准溶液的配制

称取 2.0 g 乙二胺四乙酸二钠($Na_2H_2Y\cdot 2H_2O$)于 500 mL 烧杯中，加 200 mL 水，温热使其溶解完全，转入至聚乙烯瓶中，用水稀释至 500 mL，摇匀。

2. 以 $CaCO_3$ 为基准物标定 EDTA

(1)配制 0.01 $mol\cdot L^{-1}$ 钙标准溶液　准确称取 110℃干燥过的 $CaCO_3$ 0.25～0.30 g，置于 250 mL 烧杯中，用少量水润湿，盖上表面皿，慢慢滴加 1∶1 HCl 5 mL 使其溶解，加少量水稀释，定量转移至 250 mL 容量瓶中，用水稀释至刻度，摇匀，计算其准确浓度。

(2)EDTA 溶液浓度的标定　移取 25.00 mL 钙标准溶液置于 250 mL 锥形瓶中，加 5 mL 40 $g\cdot L^{-1}$ NaOH 溶液及少量钙指示剂，摇匀后，用 EDTA 溶液滴定至溶液由红色变为纯蓝色，即为终点。平行做 3 份，计算 EDTA 标准溶液的浓度，其相对平均偏差不大于 0.2%。

3. 以 $ZnSO_4\cdot 7H_2O$ 为基准物标定 EDTA

(1)配制 0.01 $mol\cdot L^{-1}$ Zn^{2+} 标准溶液　准确称取 $ZnSO_4\cdot 7H_2O$ 0.6～0.8 g 于 250 mL 烧杯中，加 100 mL 水使其溶解后，定量转移至 250 mL 容量瓶中，用水稀释至刻度，摇匀，计

算其准确浓度。

(2)EDTA 溶液浓度的标定　移取 25.00 mL Zn^{2+} 标准溶液置于 250 mL 锥形瓶中，加入 1～2 滴二甲酚橙指示剂，滴加 200 g·L^{-1} 六次甲基四胺溶液至溶液呈现稳定的紫红色后，再过量 5 mL，用 EDTA 滴定至由紫红色变为亮黄色，即为终点。平行测定 3 份，根据滴定时用去的 EDTA 体积计算其准确浓度，相对平均偏差不大于 0.2%。

五、思考题

(1)配位滴定中为什么加入缓冲溶液？

(2)用 $CaCO_3$ 作基准物，以钙指示剂为指示剂标定 EDTA 浓度时，应控制溶液的酸度为多少？为什么？如何控制？

(3)试比较实验内容中两种标定 EDTA 方法的适用范围和可能引起的误差。

实验十一　自来水总硬度及钙、镁含量的测定

一、实验目的

(1)掌握配位滴定法测定水的总硬度的原理和方法。

(2)掌握配位滴定法的条件选择和金属指示剂变色原理及终点的判断。

二、实验原理

通常称含较多量 Ca^{2+}、Mg^{2+} 的水为硬水，水的总硬度是指水中 Ca^{2+}、Mg^{2+} 的总量，它包括暂时硬度和永久硬度。水中 Ca^{2+}、Mg^{2+} 以酸式碳酸盐形式存在的称为暂时硬度；若以硫酸盐、硝酸盐和氯化物形式存在的称为永久硬度。硬度又分钙硬和镁硬，钙硬是由 Ca^{2+} 引起的、镁硬是由 Mg^{2+} 引起的。

水的总硬度测定一般采用配位滴定法，在 pH＝10.0 的氨性缓冲溶液中，以铬黑 T(EBT)为指示剂，用 EDTA 标准溶液直接测定 Ca^{2+}、Mg^{2+} 总量。由于 $K_f(CaY) > K_f(MgY) > K_f(Mg\cdot EBT) > K_f(Ca\cdot EBT)$，铬黑 T 先与部分 Mg 配位为 Mg-EBT(酒红色)。当 EDTA 滴入时，EDTA 与 Ca^{2+}、Mg^{2+} 配位，终点时 EDTA 夺取 Mg-EBT 中的 Mg^{2+}，将 EBT 置换出来，溶液由酒红色转变为纯蓝色。测定水中钙硬时，另取等量水样加 NaOH 调节溶液 pH 为 12～13，使 Mg^{2+} 生成 $Mg(OH)_2$ 沉淀，加入钙指示剂用 EDTA 滴定，测定水中的 Ca^{2+} 含量。已知 Ca^{2+}、Mg^{2+} 的总量及 Ca^{2+} 的含量，即可算出水中 Mg^{2+} 的含量即镁硬。

国际上水的硬度有多种表示方法，常以水中 Ca、Mg 总量换算为 CaO 含量的方法表示，单位为 mg·L^{-1} 和(°)。水的总硬度 1°表示 1 L 水中含有 10 mg CaO。

三、主要仪器和试剂

1. 仪器

移液管、滴定管、锥形瓶、量筒。

2. 试剂

40 g·L^{-1} NaOH 溶液、pH＝10.0 的 NH_3～NH_4Cl 缓冲溶液、0.005 mol·L^{-1} EDTA 溶液、铬黑 T 指示剂、钙指示剂。

四、实验步骤

1. 0.005 mol·L^{-1} EDTA 溶液的配制

在一般分析工作中，EDTA 标准溶液可用直接法配制。准确称取 0.4～0.5 g 乙二胺四乙酸二钠盐（$Na_2H_2Y \cdot 2H_2O$）于小烧杯中，加约 50 mL 蒸馏水，搅拌溶解后定量转移至 250 mL 容量瓶中定容、摇匀。

2. 总硬度的测定

用移液管移取 50.00 mL 自来水样于 250 mL 锥形瓶中，加 5 mL pH＝10 的氨性缓冲溶液，加少许铬黑 T 指示剂至溶液呈酒红色。用 EDTA 滴定，并用力摇动溶液。近终点时，溶液呈紫红色后，一定要一滴一滴加入，每加一滴，用力摇动，观察颜色变化，至紫红色变为纯蓝色为终点。记录 EDTA 溶液所消耗的体积为 V_1(mL)。平行测定 3 份。计算水的总硬度。

3. 钙硬的测定

用移液管移取 50.00 mL 自来水样于 250 mL 锥形瓶中，加入 5 mL 40 g·L^{-1} NaOH 溶液，摇匀，加适量钙指示剂，用 EDTA 滴定，注意慢滴并用力摇动，至溶液由紫色变至纯蓝色为终点，记取 EDTA 所消耗的体积为 V_2(mL)，平行测定 3 份。计算水的钙硬、镁硬。

五、数据记录与处理

(1)列表记录各项实验数据。

(2)根据下列公式计算水的总硬度、钙硬及镁硬

$$\rho(\text{CaO})=\frac{c(\text{EDTA})\times V_1(\text{EDTA})\times M(\text{CaO})\times 10^3}{V(\text{水})}(\text{mg}\cdot\text{L}^{-1})$$

$$\rho(\text{Ca})=\frac{c(\text{EDTA})\times V_2(\text{EDTA})\times M(\text{Ca})\times 10^3}{V(\text{水})}(\text{mg}\cdot\text{L}^{-1})$$

$$\rho(\text{Mg})=\frac{c(\text{EDTA})\times [V_1(\text{EDTA})-V_2(\text{EDTA})]\times M(\text{Mg})\times 10^3}{V(\text{水})}(\text{mg}\cdot\text{L}^{-1})$$

式:V 的单位为 mL。

六、思考题

(1)测定自来水的总硬度时，用自来水冲洗过的锥形瓶是否要用蒸馏水冲洗三次？

(2)测定水的总硬度，用什么作指示剂？用什么作缓冲溶液？pH 控制在什么范围？

(3)为什么滴定 Ca^{2+}、Mg^{2+} 总量时要控制 pH≈10.0，而滴定 Ca^{2+} 含量时控制 pH 为 12～13？若 pH＞13 时滴定 Ca^{2+} 对结果有何影响？

实验十二　铅、铋混合液中铅、铋含量的连续测定

一、实验目的

(1)了解 EDTA 连续测定 Pb^{2+}、Bi^{3+} 含量的原理和方法。

(2)掌握二甲酚橙指示剂的应用条件及终点颜色的变化。

(3)了解混合离子选择滴定的方法。

二、实验原理

Pb^{2+}、Bi^{3+} 均能与 EDTA 形成稳定的 1∶1的配合物，$\lg K_f$ 值分别为 18.04 和 27.94，由于两者的 $\lg K_f$ 值相差很大，故可以利用控制溶液酸度的方法进行连续滴定，通常在 pH=1.0 时，滴定 Bi^{3+}，在 pH=5～6 时滴定 Pb^{2+}。

在 Pb^{2+}、Bi^{3+} 混合液中，首先调节 pH=1.0，以二甲酚橙为指示剂，用 EDTA 标准溶液滴定 Bi^{3+}。此时，Bi^{3+} 与指示剂生成紫红色配合物(Pb^{2+} 此时不形成紫红色配合物)，然后用 EDTA 标准溶液滴定 Bi^{3+}，至溶液由紫红色变为亮黄色，即为终点。

在滴定 Bi^{3+} 后溶液中，加入六次甲基四胺溶液，调节溶液的 pH=5～6，此时 Pb^{2+} 与二甲酚橙形成紫红色的配合物，溶液再呈紫红色，然后用 EDTA 标准溶液滴定，至溶液颜色变为亮黄色，即为滴定 Pb^{2+} 的终点。

三、主要仪器和试剂

1. 仪器

酸式滴定管、锥形瓶、移液管、容量瓶、量筒。

2. 试剂

0.01 $mol \cdot L^{-1}$ EDTA 标准溶液、0.10 $mol \cdot L^{-1}$ HNO_3 溶液、200 $g \cdot L^{-1}$ 六次甲基四胺溶液、2 $g \cdot L^{-1}$ 二甲酚橙水溶液、Bi^{3+}、Pb^{2+} 混合液(含 Bi^{3+}、Pb^{2+} 各约为 0.010 $mol \cdot L^{-1}$、含 HNO_3 0.15 $mol \cdot L^{-1}$)。

四、实验步骤

用移液管准确移取 Bi^{3+}、Pb^{2+} 混合液 25.00 mL 于预先加有 10 mL 0.1$mol \cdot L^{-1}$ HNO_3 的锥形瓶中，平行 3 份。加入 1～2 滴 2 $g \cdot L^{-1}$ 二甲酚橙指示剂，用 EDTA 滴定至由紫红色变为亮黄色，即为 Bi^{3+} 的滴定终点，根据消耗 EDTA 的体积计算混合液中 Bi^{3+} 的含量($g \cdot L^{-1}$)。

在滴定 Bi^{3+} 后的溶液中，加入六次甲基四胺溶液至溶液呈现稳定的紫红色后，再过量 5 mL，此时溶液的 pH 为 5～6，仍以 EDTA 标准溶液滴至溶液由紫红色变为亮黄色，即为 Pb^{2+} 的滴定终点，根据消耗 EDTA 的体积，计算混合液中 Pb^{2+} 的含量($g \cdot L^{-1}$)。

五、数据记录与处理

(1)列表记录各项实验数据。

(2)计算 Pb^{2+}、Bi^{3+} 的含量及各自的相对平均偏差。

六、思考题

(1)本实验是否可以先在 pH＝5～6 的溶液中测定 Pb^{2+}、Bi^{3+} 的总量，然后调整溶液 pH＝1.0 时，测定 Bi^{3+} 的含量？

(2)本实验为什么不用氨水或碱调节 pH＝5～6，而用六次甲基四胺来调节 pH 呢？是否可以用 HAc-NaAc 缓冲溶液代替六次甲基四胺？

实验十三　方案设计实验

一、实验目的

(1)培养学生在配位滴定理论及试验中解决实际问题的能力，并通过实践加深对理论课程的理解，使其掌握返滴定、置换滴定等技巧；对分离掩蔽等理论和实验内容有初步的掌握。

(2)培养学生阅读参考资料的能力，提高他们的设计水平和独立完成实验报告的能力。

二、基本内容和要求

(1)在本实验方案设计所罗列的内容中，学生自选一个设计项目。

(2)在参考资料的基础上，拟订方案，经教师批阅后，写出详细的实验报告。

(3)实验报告大致有以下内容：

①题目；

②测量方法概述；

③试剂的品种、数量和配制方法；实际的浓度和体积；

④操作步骤(标定、测定等)；

⑤数据及相关公式；

⑥结果和讨论。

三、配位滴定方案设计备选题目

(1)铝合金中铝含量的测定。

(2)EDTA 含量的测定。

(3)胃舒平片中 Al_2O_3 和 MgO 含量的测定。

(4)Bi^{3+}、Fe^{3+} 混合液中 Bi^{3+} 和 Fe^{3+} 含量的测定。

(5)明矾含量的测定。

(6)土壤中 SO_4^{2-} 含量的测定。

(7)土壤中 Al^{3+} 含量的测定。

二维码 9　天然水总硬度的测定*

Chapter 6 第 6 章

氧化还原滴定法

氧化还原滴定法是以氧化还原反应为基础的一类滴定分析法。氧化还原反应的主要特点是:反应机理比较复杂,反应往往分步进行,反应速度慢及常伴有副反应发生。因此,在试验中必须严格控制实验条件,才能保证反应按确定的计量关系定量、快速地进行。

氧化还原滴定法,不仅能测定本身具有氧化还原性质的物质,也能间接地测定不具有氧化还原性质,但能与某种氧化剂或还原剂发生有计量关系化学反应的物质;不仅能测定无机物,也能测定有机物;是滴定分析中应用广泛的一类分析方法。

实验十四　高锰酸钾标准溶液的配制和标定

一、实验目的

(1)掌握高锰酸钾溶液的配制及标定方法。

(2)了解自身指示剂在 $KMnO_4$ 法中的应用。

二、实验原理

市售的 $KMnO_4$ 试剂常含有少量 MnO_2 和其他杂质;蒸馏水中含有少量有机物质,它们能使 $KMnO_4$ 还原为 $MnO(OH)_2$,而 $MnO(OH)_2$ 又能促进 $KMnO_4$ 的自身分解:

$$4MnO_4^- + 2H_2O = 4MnO_2 + 3O_2\uparrow + 4OH^-$$

见光时分解得更快,因此,$KMnO_4$ 溶液的浓度容易改变。必须间接法配制并进行标定。如果长期使用,必须定期进行标定。

标定 $KMnO_4$ 溶液的基准物质有 As_2O_3、铁丝、$H_2C_2O_4 \cdot 2H_2O$ 和 $Na_2C_2O_4$ 等,其中以 $Na_2C_2O_4$ 最常用。$Na_2C_2O_4$ 易制纯,不易吸湿、性质稳定。在酸性条件下,用 $Na_2C_2O_4$ 标定 $KMnO_4$ 的反应为:

$$2MnO_4^- + 5H_2C_2O_4 + 6H^+ = 2Mn^{2+} + 10CO_2\uparrow + 8H_2O$$

滴定时利用 MnO_4^- 本身的紫红色指示终点,称为自身指示剂。

三、主要仪器和试剂

1. 仪器

分析天平、称量瓶、酸式滴定管、烧杯、锥形瓶、棕色试剂瓶、砂芯漏斗。

2. 试剂

$KMnO_4$(s,A·R)、$Na_2C_2O_4$(s,A·R)、3 mol·L^{-1} H_2SO_4 溶液。

四、实验步骤

1. 0.02 mol·L^{-1} $KMnO_4$ 标准溶液的配制

称取 1.6 g $KMnO_4$ 溶于 500 mL 水中,盖上表面皿,加热至沸并保持微沸状态 1 h,冷却后于室温下放置 2～3 d 后,用微孔玻璃漏斗或玻璃棉过滤,滤液贮于清洁带塞的棕色试剂瓶中。

2. 0.02 mol·L^{-1} $KMnO_4$ 标准溶液的标定

准确称取已于 110℃烘干过的 $Na_2C_2O_4$ 0.16～0.20 g 三份,分别置于 250 mL 锥形瓶中,加蒸馏水 40 mL,再加 10 mL 3 mol·L^{-1} H_2SO_4 溶液,加热至 75～85℃(瓶口冒出蒸汽,瓶壁烫手且出现大水珠),趁热用 $KMnO_4$ 溶液滴定。滴入一滴 $KMnO_4$ 溶液,摇动,使 $KMnO_4$ 的红色完全褪去后,再继续滴定。随着反应速度的加快,可逐渐加快滴定速度。但临近终点时应逐滴加入,直至滴定的溶液呈微红色,30 s 不褪去为终点。滴定结束时溶液温度应不低于 60℃(可中途加热)。记录 $KMnO_4$ 溶液所消耗的体积。计算 $KMnO_4$ 溶液的浓度和相对平均偏差。

五、数据记录与处理

(1)列表记录各项实验数据。

(2)根据下式计算高锰酸钾溶液的浓度:

$$c(KMnO_4)=\frac{2m(Na_2C_2O_4)\times 1\,000}{5M(Na_2C_2O_4)\times V(KMnO_4)}(mol\cdot L^{-1})$$

六、思考题

(1)配制 $KMnO_4$ 标准溶液时,为什么要将 $KMnO_4$ 溶液煮沸一定时间并放置数天?配好的 $KMnO_4$ 溶液为什么要过滤后才能保存?过滤时是否可以用滤纸?

(2)配制好的 $KMnO_4$ 溶液为什么盛放在棕色瓶中保存?

(3)用 $Na_2C_2O_4$ 标定 $KMnO_4$ 时,为什么必须在 H_2SO_4 介质中进行?酸度过高或过低有何影响?可以用 HNO_3 或 HCl 调节酸度吗?为什么要加热到 75～85℃?溶液温度过高或过低有何影响?

(4)标定 $KMnO_4$ 溶液时,为什么第一滴 $KMnO_4$ 加入后溶液的红色褪去很慢,而以后红色褪去越来越快?

实验十五　高锰酸钾法测定过氧化氢的含量

一、实验目的

(1)学会用 $KMnO_4$ 法测定过氧化氢含量的方法。

(2)掌握液体试样取样方法。

二、实验原理

过氧化氢具有还原性,在酸性介质和室温下能被高锰酸钾定量氧化,其反应方程式为:

$$2MnO_4^- + 5H_2O_2 + 6H^+ \xlongequal{} 2Mn^{2+} + 5O_2 + 8H_2O$$

开始时反应速度慢,滴入第一滴 $KMnO_4$ 溶液不易褪色,待 Mn^{2+} 生成后,由于 Mn^{2+} 的催化作用,加快了反应速度,能顺利进行滴定,当溶液呈现稳定的微红色即为终点。根据过氧化氢的摩尔质量和高锰酸钾的浓度及滴定时消耗的体积,计算 H_2O_2 的含量。

三、主要仪器和试剂

1. 仪器

移液管、容量瓶、锥形瓶、酸式滴定管、量筒。

2. 试剂

0.02 $mol \cdot L^{-1}$ $KMnO_4$ 标准溶液、质量分数约为 30% H_2O_2 试样、3 $mol \cdot L^{-1}$ H_2SO_4 溶液。

四、实验步骤

用移液管吸取 50.00 mL 市售质量分数约为 30% 的 H_2O_2 溶液(小心,H_2O_2 腐蚀皮肤、黏膜),置于 1 000 mL 容量瓶中,加水稀释至刻度,充分摇匀后备用。同学们再各自用移液管移取稀释过的 H_2O_2 25.00 mL 置于 250 mL 容量瓶中,加水稀释至刻度,摇匀后用移液管吸取 25.00 mL 此二次稀释液,置于 250 mL 锥形瓶中,加入 3 $mol \cdot L^{-1}$ H_2SO_4 10 mL,加水 20 mL,用 $KMnO_4$ 标准溶液滴定到溶液呈微红色,30 s 不褪即为终点。平行测定 3 次,计算原始样品中 H_2O_2 的质量浓度 ρ[g/(100 mL)]和相对平均偏差。

五、思考题

(1)在此法测定中 H_2O_2 与 $KMnO_4$ 的化学计量关系如何?试写出计算试样中 H_2O_2 的质量浓度 ρ[g/(100 mL)]的公式。

(2)用高锰酸钾法测定 H_2O_2 时,能否用 HNO_3 或 HCl 来控制酸度?

(3)用高锰酸钾法测定 H_2O_2 时,为何不能通过加热来加速反应?

六、注释

H_2O_2 试样若系工业产品,用高锰酸钾法测定不合适,因为产品中常加有少量乙酰苯胺等有机化合物作稳定剂，滴定时也将被 $KMnO_4$ 氧化，引起误差。此时应用采用碘量法或硫酸铈法进行测定。

实验十六　水样中化学耗氧量(COD)的测定(高锰酸钾法)

一、实验目的

(1)对水中化学耗氧量(COD)与水体污染的关系有所了解。

(2)掌握高锰酸钾法测量水中 COD 的原理及方法。

二、实验原理

化学耗氧量(COD)是量度水体受还原性物质(主要是有机物)污染程度的综合指标。它是指水体中易被强氧化剂氧化的还原性物质所消耗的氧化剂的量，换算成氧的含量(以 $mg\cdot L^{-1}$ 计)。测定时，在水样中加入 H_2SO_4 溶液及一定量的 $KMnO_4$ 溶液，置沸水浴中加热，使其中的还原性物质氧化，剩余的 $KMnO_4$ 用一定量过量的 $Na_2C_2O_4$ 还原，再以 $KMnO_4$ 标准溶液返滴 $Na_2C_2O_4$ 的过量部分。由于 Cl^- 对此法有干扰，因而本法仅适合于地表水、地下水、饮用水和生活污水中 COD 的测定，含 Cl^- 较高的工业废水则应采用 $K_2Cr_2O_7$ 法测定。

方法的反应式为

$$4MnO_4^- + 5C + 12H^+ = 4Mn^{2+} + 5CO_2\uparrow + 6H_2O$$

$$2MnO_4^- + 5C_2O_4^{2-} + 16H^+ = 2Mn^{2+} + 10CO_2\uparrow + 8H_2O$$

据此，测定结果的计算式为

$$COD=\frac{\left[\frac{5}{4}c(KMnO_4)\cdot(V_1+V_2)(KMnO_4)-\frac{1}{2}c(Na_2C_2O_4)\cdot V(Na_2C_2O_4)\right]\times 32.00\times 1\,000}{V(试样)}\ (O_2\ mg/L)$$

式中：COD 单位为 $O_2 mg/L$；V_1 为第一次加入 $KMnO_4$ 溶液的体积；V_2 为第二次加入 $KMnO_4$ 溶液的体积。

三、主要仪器和试剂

1. 仪器

酸式滴定管、锥形瓶、移液管、量筒、容量瓶、称量瓶等。

2. 试剂

0.02 $mol\cdot L^{-1}$ $KMnO_4$ 溶液、H_2SO_4 溶液(1∶3)。

0.002 $mol\cdot L^{-1}$ $KMnO_4$ 溶液：吸取 0.02 $mol\cdot L^{-1}$ $KMnO_4$ 标准溶液 25.00 mL 置于 250 mL 容量瓶中，以新煮沸且冷却的蒸馏水稀释至刻度。

0.005 $mol\cdot L^{-1}$ $Na_2C_2O_4$ 标准溶液：将 $Na_2C_2O_4$ 于 100～105℃ 干燥 2 h，在干燥器中冷却至室温，准确称取 0.17 g 左右于小烧杯中，加水溶解后，定量转移至 250 mL 容量瓶中，以水稀释至刻度，摇匀。

四、实验步骤

视水质污染程度取水样 10～100 mL，置于 250 mL 锥形瓶中，加 10 mL H_2SO_4，再准确加入 10.00 mL 0.002 mol·L^{-1} $KMnO_4$ 溶液，立即加热至沸，若此时红色褪去，说明水样中有机物含量较多，应补加适量 $KMnO_4$ 溶液至试样溶液呈现稳定的红色。从冒第一个大泡开始计时，用小火准确煮沸 10 min，取下锥形瓶，趁热加入 10.00 mL 0.005 mol·L^{-1} $Na_2C_2O_4$ 标准溶液，摇匀，此时溶液应当由红色转为无色。用 0.002 mol·L^{-1} $KMnO_4$ 标准溶液滴定至稳定的淡红色即为终点。平行测定 3 份。计算 COD。

另取 100 mL 蒸馏水代替水样，同样操作，求得空白值，计算耗氧量时将空白值减去。

五、思考题

(1)水样加入 $KMnO_4$ 煮沸后，若紫红色消失说明什么？应采取什么措施？

(2)测定水中 COD 的意义何在？有哪些方法测定 COD？

实验十七　补钙制剂中钙含量的测定(高锰酸钾间接滴定法)

一、实验目的

(1)了解沉淀分离的基本要求及操作。

(2)掌握氧化还原法间接测定钙含量的原理及方法。

二、实验原理

利用某些金属离子(如碱土金属、Pb^{2+}、Cd^{2+} 等)与草酸根能形成难溶草酸盐沉淀的反应，可以用高锰钾法间接测它们的含量。反应如下：

$$Ca^{2+} + C_2O_4^{2-} = CaC_2O_4 \downarrow$$

$$CaC_2O_4 + H_2SO_4 = CaSO_4 + H_2C_2O_4$$

$$2MnO_4^- + 5H_2C_2O_4 + 6H^+ = 2Mn^{2+} + 10CO_2 \uparrow + 8H_2O$$

三、主要仪器和试剂

1. 仪器

酸式滴定管、烧杯、表面皿、长颈漏斗、量筒。

2. 试剂

0.02 mol·L^{-1} $KMnO_4$ 标准溶液、6 mol·L^{-1} HCl 溶液、1 mol·L^{-1} H_2SO_4 溶液、10% $NH_3 \cdot H_2O$、5 g·L^{-1} $(NH_4)_2C_2O_4$ 溶液、2 g·L^{-1} 甲基橙指示剂、0.1 mol·L^{-1} $AgNO_3$ 溶液。

四、实验步骤

准确称取补钙剂两份(每份含钙约 0.05 g)，分别置于 250 mL 烧杯中，加入适量蒸馏水及 HCl 溶液，加热促使其溶解。于溶液中加入 2～3 滴甲基橙，以 NH_3 水中和溶液由红转变为黄色，趁热逐滴加约 50 mL $(NH_4)_2C_2O_4$，在低温电热板（或水浴）上陈化 30 min。冷却后过滤（先将上层溶液倾入漏斗中），将烧杯中的沉淀洗涤数次后转入漏斗中，继续洗涤沉淀至无 Cl^-（承接洗液在 HNO_3 介质中以 $AgNO_3$ 检查），将带有沉淀的滤纸铺在原烧杯内壁上，用 50 mL 1 mol·L^{-1} H_2SO_4 的把沉淀由滤纸上洗入烧杯中，再用洗瓶洗 2 次，加入蒸馏水使总体积约 100 mL，加热至 75～85℃，用 $KMnO_4$ 标准溶液滴定至溶液呈淡红色，再将滤纸搅入溶液中，若溶液褪色，则继续滴定，直至出现的淡红色 30 s 内不消失即为终点。

五、思考题

(1)以 $(NH_4)_2C_2O_4$ 沉淀钙时，pH 控制为多少？为什么选择这样 pH？

(2)加入 $(NH_4)_2C_2O_4$ 时，为什么要在热溶液中逐滴加入？

(3)洗涤 CaC_2O_4 沉淀时，为什么要洗至无 Cl^-？

(4)试比较 $KMnO_4$ 法测定 Ca^{2+} 和配位滴定法测 Ca^{2+} 的优缺点。

实验十八　重铬酸钾法测定亚铁盐中的铁

一、实验目的

(1)掌握用重铬酸钾法测定亚铁盐中铁含量的原理及方法。

(2)学会用直接法配制标准溶液。

二、实验原理

在酸性条件下，重铬酸钾具有较强的氧化能力，可测定具有还原性的物质，如可测亚铁盐中铁的含量，反应如下：

$$Cr_2O_7^{2-} + 6Fe^{2+} + 14H^+ = 2Cr^{3+} + 6Fe^{3+} + 7H_2O$$

滴定突跃范围为 0.93～1.34 V，使用二苯胺磺酸钠为指示剂时，由于它的条件电位为 0.85 V，因而需加入 H_3PO_4 使滴定生成的 Fe^{3+} 生成 $[Fe(HPO_4)]^+$ 而降低 Fe^{3+}/Fe^{2+} 电对的电极电位，使突跃范围变成 0.71～1.34 V，指示剂就可以在此范围内变色，同时消除了 Fe^{3+} 黄色对终点的干扰，提高测定的准确度。

三、主要仪器和试剂

1. 仪器

酸式滴定管、锥形瓶、烧杯、容量瓶、量筒。

2. 试剂

$K_2Cr_2O_7$（或 G·R）、$FeSO_4 \cdot 7H_2O(s)$、0.5%二苯胺磺酸钠指示剂、硫磷混酸溶液（将 150 mL 浓 H_2SO_4 缓慢加入 700 mL 水中，冷却后再加入 150 mL 浓 H_3PO_4）。

四、实验步骤

1. 0.017 $mol \cdot L^{-1} K_2Cr_2O_7$ 标准溶液的配制

将 $K_2Cr_2O_7$ 于 140℃干燥 2 h，放入干燥器中冷却至室温。准确称取经烘干并已冷却的 $K_2Cr_2O_7$ 1.2～1.3 g 于小烧杯中，加适量蒸馏水溶解后定量转移 250 mL 容量瓶中，用蒸馏水稀释至刻度，摇匀，计算其准确浓度。

2. 亚铁盐中 Fe^{2+} 含量的测定

准确称取约 0.6 g 硫酸亚铁试样于 250 mL 锥形瓶中，加入 150 mL 蒸馏水溶解，加入 15 mL H_2SO_4-H_3PO_4 混合酸和 2～3 滴二苯胺磺酸钠指示剂，立即用 $K_2Cr_2O_7$ 标准溶液滴定至溶液呈稳定的紫红色，即达终点。平行测定 3 份。根据 $K_2Cr_2O_7$ 标准溶液浓度和滴定时所消耗的体积，计算亚铁盐中铁的质量分数和相对平均偏差。

五、思考题

(1)用重铬酸钾法测定铁含量时，加入 H_2SO_4-H_3PO_4 混合酸目的何在？加入硫磷混酸后为什么要立即滴定？

(2)如果基准试剂 $K_2Cr_2O_7$ 未经烘干处理，对测定结果有何影响？

实验十九　I_2 和 $Na_2S_2O_3$ 标准溶液的配制及标定

一、实验目的

(1)掌握 I_2 和 $Na_2S_2O_3$ 标准溶液的配制及标定要点。

(2)了解淀粉指示剂的作用原理。

二、实验原理

碘量法主要使用 I_2 和 $Na_2S_2O_3$ 两种标准溶液，现分别讨论如下：

1. I_2 标准溶液的配制和标定

用升华法可以制得纯度很高的 I_2，可作为基准物质直接配制标准溶液。但通常使用的市售 I_2 试剂纯度不高，需先配成近似浓度，然后再进行标定。

I_2 微溶于水而易溶于 KI 溶液中，但在稀的 KI 溶液中溶解得很慢，故配制 I_2 溶液时应先在较浓的 KI 溶液中进行，待溶解完全后再稀释到所需浓度。

I_2 溶液可以用 As_2O_3 为基准物质进行标定。As_2O_3 难溶于水，易溶于碱性溶液中生成亚砷酸盐，其反应式如下：

$$As_2O_3 + 6OH^- = 2AsO_3^{3-} + 3H_2O$$

亚砷酸盐与 I_2 的反应是可逆的：

$$AsO_3^{3-} + I_2 + H_2O = AsO_4^{3-} + 2I^- + 2H^+$$

滴定时将试液酸化后，加 $NaHCO_3$ 调至 pH≈8，反应能定量向右边进行。

I_2 溶液的浓度，也可以用 $Na_2S_2O_3$ 标准溶液来标定。

2. $Na_2S_2O_3$ 标准溶液的配制和标定

固体试剂 $Na_2S_2O_3 \cdot 5H_2O$ 通常含有一些杂质，且易风化和潮解，因此，$Na_2S_2O_3$ 标准溶液采用标定法配制。$Na_2S_2O_3$ 溶液不够稳定，容易分解。水中的 CO_2、细菌和光照都能使其分解，水中的 O_2 也能将其氧化。故配制 $Na_2S_2O_3$ 溶液，最好采用新煮沸并冷却的蒸馏水，以除去水中的 CO_2 和 O_2 并杀死细菌；加少量 Na_2CO_3 使溶液呈弱碱性以抑制 $Na_2S_2O_3$ 的分解和细菌的生长；贮于棕色瓶中，放置几天后再进行标定。长期使用的溶液应定期标定。

标定 $Na_2S_2O_3$ 溶液的基准物质，通常用 $K_2Cr_2O_7$ 及 KIO_3、$KBrO_3$ 等。这是间接碘量法的应用。在酸性溶液中，它们与过量 KI 作用，析出与之计算相当的 I_2，以淀粉为指示剂，再用 $Na_2S_2O_3$ 溶液滴定 I_2，反应方程式如下：

$$Cr_2O_7^{2-} + 6I^- + 14H^+ = 2Cr^{3+} + 3I_2 + 7H_2O$$

$$IO_3^- + 5I^- + 6H^+ = 3I_2 + 3H_2O$$

$$BrO_3^- + 6I^- + 6H^+ = Br^- + 3I_2 + 3H_2O$$

$$I_2 + 2S_2O_3^{2-} = 2I^- + S_4O_6^{2-}$$

其反应条件如下：

(1)溶液酸度愈大，反应速度愈快。但酸度太大时，I^- 又容易被空气中的 O_2 氧化，所以酸度一般以 0.2～0.4 $mol \cdot L^{-1}$ 为宜。

(2)$K_2Cr_2O_7$(或 $KBrO_3$)与 KI 反应速度较慢，应将溶液在带塞的锥形瓶中，于暗处放置一定时间，待反应完全后再进行滴定。而 KIO_3 与 KI 的反应迅速，不必放置，应及时滴定。

(3)所用 KI 溶液不得含有 I_2 或 KIO_3，如有，KI 溶液显黄色或溶液酸化后加淀粉显蓝色，则应先用 $Na_2S_2O_3$ 溶液将它滴定至无色后使用。

(4)滴定前须将溶液稀释。这样既可降低酸度，使 I^- 被空气氧化的速度减慢，又可使 $Na_2S_2O_3$ 的分解作用减小；而且稀释后 Cr^{3+} 的绿色变浅，便于观察终点。

如果滴至终点后，经 5 min 或更长时间，溶液又出现蓝色，是由于空气氧化 I^- 所引起的，不影响分析结果。如若滴定到终点后，溶液又迅速变蓝，表示可能是放置时间不够，反应不完全所致。遇此情况应重做实验。

三、主要仪器和试剂

1. 仪器

托盘天平、酸式滴定管、碱式滴定管、烧杯、带塞容量瓶、棕色试剂瓶。

2. 试剂

I_2(s)、KI(s)、As_2O_3(A. R. 或基准试剂)、$K_2Cr_2O_7$(A. R. 或基准试剂)、$KBrO_3$(A. R. 或基准试剂)、$Na_2S_2O_3 \cdot 5H_2O$(s)、3 $mol \cdot L^{-1}$ H_2SO_4、1 $mol \cdot L^{-1}$ NaOH、2 $mol \cdot L^{-1}$ HCl、4% $NaHCO_3$、0.5% 淀粉溶液、10% KI 溶液、0.1% 酚酞指示剂、0.017 $mol \cdot L^{-1}$ $K_2Cr_2O_7$ 标准溶液。

四、实验步骤

1. 0.05 mol·L^{-1} I_2 溶液的配制

在托盘天平上称取 6.5 g I_2 放入小烧杯中，加入 10～20 g 碘化钾，加少许蒸馏水，用玻璃棒搅拌至 I_2 全部溶解后，转移至 500 mL 带玻璃塞的棕色细口瓶中，稀释至 500 mL，摇匀，贮于阴暗处备用。

2. 0.1 mol·L^{-1} $Na_2S_2O_3$ 溶液的配制

在托盘天平上称取 13 g $Na_2S_2O_3 \cdot 5H_2O$，溶于 500 mL 新煮沸冷却的蒸馏水中，加 0.1 g Na_2CO_3，保存于棕色试剂瓶中，放置一周后进行标定。

3. $Na_2S_2O_3$ 溶液浓度的标定

(1)用 $K_2Cr_2O_7$ 标定　用移液管吸取 25.00 mL $K_2Cr_2O_7$ 标准溶液于 250 mL 锥形瓶中，加入 20 mL 10% KI 溶液，加入 3 mol·L^{-1} H_2SO_4 10 mL，摇匀，用表面皿盖好，在暗处放置 5 min。然后稀释至 100～150 mL，用 $Na_2S_2O_3$ 溶液滴至浅黄绿色后加入 2 mL 淀粉指示剂[1]，继续滴定至溶液蓝色消失并变为绿色即为终点。平行测定 3 次，计算 $Na_2S_2O_3$ 的浓度和相对平均偏差。

(2)用 $KBrO_3$ 标定　准确称取基准物质 $KBrO_3$ 0.6～0.8 g 于小烧杯中，加水溶解，定量转移至 250 mL 容量瓶中，加水稀释至刻度，充分摇匀。用移液管吸取 25.00 mL $KBrO_3$ 标准溶液于 250 mL 锥形瓶中，加入 20 mL10%KI 溶液及 5 mL 3 mol·L^{-1} H_2SO_4 溶液，混匀，在暗处放置 5 min。然后加水稀释至 100～150 mL，立即用待标定的 $Na_2S_2O_3$ 溶液滴定至浅黄色，加入 3 mL 淀粉溶液，继续小心滴定至溶液由蓝色变为无色即为终点。平行测定 3 次，计算 $Na_2S_2O_3$ 标准溶液的浓度和相对平均偏差。

4. I_2 溶液的标定

(1)用 As_2O_3 标定　准确称取在 H_2SO_4 干燥器中干燥 24 h 的 As_2O_3 0.4～0.5 g，置于 250 mL 锥形瓶中，加入 1 mol·L^{-1}NaOH 溶液 10 mL，待 As_2O_3 完全溶解后，加 1 滴酚酞指示剂，用 1 mol·L^{-1}HCl 溶液中和至呈微酸性，然后加入 25 mL 4%$NaHCO_3$ 溶液和 2 mL 淀粉溶液，再用待标定的 I_2 溶液滴至出现蓝色，即为终点。平行测定 3 次，计算 I_2 标准溶液的浓度和相对平均偏差。

(2)用 $Na_2S_2O_3$ 标准溶液标定　用移液管吸取 25.00 mL 待标定的 I_2 溶液，于 250 mL 锥形瓶中，加 50 mL 水，用 $Na_2S_2O_3$ 标准溶液滴定至浅黄色时，加入淀粉指示剂 2～3 mL，继续用 $Na_2S_2O_3$ 溶液滴定至蓝色消失，即为终点。平行测定 3 次，计算 I_2 标准溶液的浓度和相对平均偏差。

五、注释

[1]淀粉指示剂应在临近终点时加入，而不能加入得过早。否则将有较多的 I_2 与淀粉指示剂结合，而这部分 I_2 在终点时解离缓慢，造成终点拖后。

六、思考题

(1)如何配制和保存 I_2 溶液？配制 I_2 溶液时为什么要加入 KI？

(2)如何配制和保存 $Na_2S_2O_3$ 溶液?

(3)用 $KBrO_3$ 作基准物质标定 $Na_2S_2O_3$ 时,为什么要加入过量的 KI 和 H_2SO_4 溶液?为什么在滴定前还要加水稀释?

(4)标定 I_2 溶液时,既可以用 $Na_2S_2O_3$ 滴定 I_2 溶液,也可以用 I_2 滴定 $Na_2S_2O_3$ 溶液,且都采用淀粉指示剂。但在两种情况下加入淀粉指示剂时间是否相同?为什么?

实验二十 间接碘量法测定胆矾中的铜

一、实验目的

(1)掌握以间接碘量法测定铜的原理及操作过程。

(2)正确理解实验中各试剂的作用及使用条件。

二、实验原理

在以 HAc 或 H_2SO_4 为介质的微酸性溶液(pH=3~4)中,Cu^{2+} 与过量 I^- 作用,生成难溶性的 CuI 沉淀和 I_2;其反应如下:

$$2Cu^{2+} + 4I^- = 2CuI\downarrow + I_2$$

或

$$2Cu^{2+} + 5I^- = 2CuI\downarrow + I_3^-$$

生成的 I_2,用 $Na_2S_2O_3$ 标准溶液滴定,以淀粉为指示剂,滴定至溶液的蓝色刚好消失即为终点(淀粉指示剂应在临近终点前加入)。

$$I_2 + 2S_2O_3^{2-} = 2I^- + S_4O_6^{2-}$$

由于 CuI 沉淀表面强烈吸附 I_2,致使分析结果偏低。为了减少 CuI 沉淀对 I_2 的吸附,通常办法是加入硫氰酸盐,使 CuI ($K_{sp}=1.1\times10^{-12}$)转化为溶解度更小的 CuSCN 沉淀($K_{sp}=4.8\times10^{-15}$)

$$CuI + SCN = CuSCN\downarrow + I^-$$

CuSCN 沉淀吸附 I_2 的倾向较小,因而可以提高测定结果的准确度。但 SCN^- 应在接近终点时加入,否则 SCN^- 还原大量存在的 I_2,致使测定结果偏低。溶液的酸度一般应控制 pH 值在 3~4 之间,酸度过低,Cu^{2+} 易水解,使反应不完全,结果偏低,而且反应速度慢,终点拖长;酸度过高,则 I^- 被空气中的氧氧化为 I_2(Cu^{2+} 催化此反应),使结果偏高。

Fe^{3+} 能氧化 I^-,对测定有干扰,可加入 NH_4HF_2 掩蔽,NH_4HF_2(即 $NH_4F\cdot HF$)是一种很好的缓冲溶液,因 HF 的 $K_a=6.6\times10^{-4}$($pK_a=3.18$),故能使溶液的 pH 控制在 3.0~4.0 之间。

三、主要仪器和试剂

1. 仪器

滴定管、锥形瓶、量筒等。

2. 试剂

0.1 mol·L^{-1} $Na_2S_2O_3$ 标准溶液、10% KI 溶液、10% KSCN、1 mol·L^{-1} H_2SO_4 溶液、0.5% 淀粉溶液、$CuSO_4·5H_2O$ 试样。

四、实验步骤

准确称取 $CuSO_4·5H_2O$ 试样 0.5～0.6 g，置于 250 mL 锥形瓶中，加 5 mL 1 mol·L^{-1} H_2SO_4 和 50 mL 水使其溶解。加入 10 mL10%KI 溶液，立即用 $Na_2S_2O_3$ 标准溶液滴定至呈浅黄色，加入 2 mL 淀粉指示剂，继续滴定至呈浅蓝色，再加入 10 mL 10% KSCN 溶液，溶液的蓝色转深，再继续用 $Na_2S_2O_3$ 标准溶液滴定至蓝色刚好消失即为终点。此时溶液呈米色或浅肉红色。平行测定 3 次。计算 $CuSO_4·5H_2O$ 中的 Cu 的质量分数和相对平均偏差。

五、思考题

(1)本实验加入 KI 的作用是什么？
(2)本实验为什么要加入 KSCN？为什么不能过早地加入？
(3)若试样中含有铁，则加入何种试剂以消除铁对测定铜的干扰并控制溶液 pH 3～4？

实验二十一　碘量法测定葡萄糖的含量

一、实验目的

(1)熟悉返滴定法的有关理论及计算方法；
(2)掌握用返滴定法测定葡萄糖的含量。

二、实验原理

将一定量过量的 I_2 在碱性条件下加入葡萄糖溶液中，I_2 与 OH^- 作用可以生成 IO^-，而葡萄糖分子中的醛基能够定量地被 IO^- 氧化为羧基，反应为：

$$I_2 + 2OH^- = IO^- + I^- + H_2O$$

$$CH_2OH(CHOH)_4CHO + IO^- + OH^- = CH_2OH(CHOH)_4COO^- + I^- + H_2O$$

过量的未与葡萄糖作用的 IO^- 在碱性介质中进一步歧化 IO_3^- 和 I^-，它们在酸化时又反应生成 I_2：

$$3IO^- = IO_3^- + 2I^-$$

$$IO_3^- + 5I^- + 6H^+ = 3I_2 + 3H_2O$$

再用 $Na_2S_2O_3$ 标准溶液滴定析出的 I_2：

$$2S_2O_3^{2-} + I_2 = 2I^- + S_4O_6^{2-}$$

根据所加入的 I_2 标准溶液的物质的量和滴定所消耗的 $Na_2S_2O_3$ 标准溶液的物质的量，以及上述反应所反映的各个物质之间的计量关系，便可以计算出葡萄糖含量。

三、主要仪器和试剂

1. 仪器

酸式滴定管、碱式滴定管、容量瓶、移液管、碘量瓶、量筒等。

2. 试剂

0.1 mol·L^{-1} $Na_2S_2O_3$ 标准溶液、0.05 mol·L^{-1} I_2 标准溶液、1 mol·L^{-1} NaOH 溶液、HCl 溶液(1∶1)、0.5% 淀粉溶液、葡萄糖(s)或葡萄糖试液。

四、实验步骤

准确称取约 0.5 g 葡萄糖试样于 100 mL 烧杯中，加少量水溶解后定量转移至 100 mL 容量瓶中，定容并摇匀。用移液管吸取该试液 25.00 mL 于 250 mL 碘量瓶中，由酸式滴定管准确加入 25.00 mL I_2 标准溶液。在摇动下缓缓滴加 1 mol·L^{-1}NaOH 溶液[1]，直至溶液变成浅黄色。盖上瓶塞，放置约 15 min，使之反应完全。用少量水冲洗锥形瓶内壁，然后加入 6 mol·L^{-1} HCl 2 mL，使其呈酸性，摇匀，立即用 $Na_2S_2O_3$ 标准溶液滴定至浅黄色。加 2 mL 淀粉指示剂，继续滴定至蓝色恰好消失即为终点。平行测定 3 份，计算试样中葡萄糖的质量度分数[2]和相对平均偏差。

五、数据记录与处理

(1)列表记录各项实验数据

(2)按下列公式计算葡萄糖的质量分数

$$\omega(C_6H_{12}O_6)=\frac{\left[c(I_2)V(I_2)-\frac{1}{2}c(Na_2S_2O_3)V(Na_2S_2O_3)\right]M(C_6H_{12}O_6)}{m_s}$$

六、注释

[1]氧化葡萄糖时加 NaOH 的速度要慢，否则过量的 IO^- 还来不及和葡萄糖反应就歧化为氧化性较差的 IO_3^-，可能导致葡萄糖不能完全被氧化。

[2]若试样为葡萄糖溶液，则试样中葡萄糖含量以质量浓度 g·L^{-1}表示。

七、思考题

为什么在氧化葡萄糖时滴加稀 NaOH 的速度要慢，且加完后要放置一段时间？而在酸化后则要立即用 $Na_2S_2O_3$ 标准溶液滴定？

实验二十二 碘量法测定维生素 C 含量的方案设计

维生素 C 是所有抗坏血酸生物活性的化合物的统称，广泛存在于新鲜果蔬及其他绿色植物中。维生素 C 对人类的健康具有特殊重要的意义，维生素 C 参与肌体的代谢过程，帮助酶将胆固醇转化为胆酸而排泄，减慢毛细管脆化，增强肌体的抵抗能力，对化学致癌有阻断作用;故维生素 C 在医药和化学上应用非常广泛,测定维生素 C 含量的意义重大。

一、要求

学生应到图书馆查阅有关文献资料,并进行归纳整理,按照《分析化学实验》的主要格式,写出方案设计内容:

(1)原理与依据,阐明滴定的基本原理和选择指示剂的依据。

(2)仪器与试剂,型号与规格,试剂的配制及标定等。

(3)分析步骤,要详细和具体,具有可操作性,需说明的地方应加注。

(4)记录与数据处理,记录的格式,项目与单位,计算公式等。

(5)问题与讨论,对所设计方案进行评价,对误差进行评估,谈谈方案设计的心得体会。

二、提示

(1)维生素 C(抗坏血酸)的分子式为 $C_6H_8O_6$,由于分子中的烯二醇具有还原性,能被 I_2 定量地氧化成二酮基:

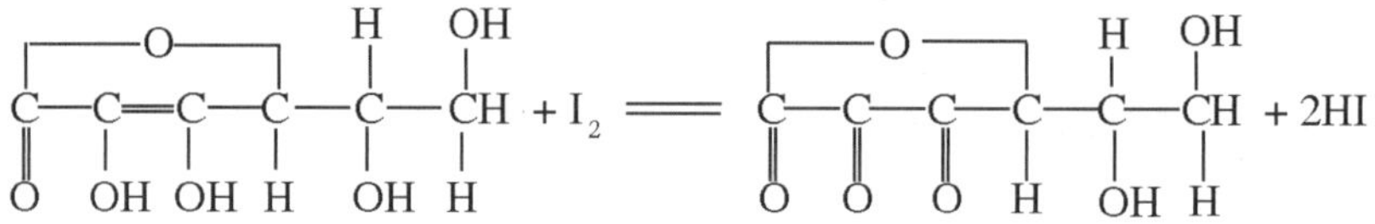

(2)维生素 C 的还原性很强,在空气中极易氧化。

二维码 10　高锰酸钾法测定水溶液中过氧化氢含量视频*

Chapter 7 第 7 章

沉淀滴定法

实验二十三 氯化物中氯含量的测定(莫尔法)

一、实验目的

(1)学习 $AgNO_3$ 标准溶液的配制和标定。

(2)掌握用莫尔法进行沉淀滴定的原理,方法和实验操作。

二、实验原理

某些可溶性氯化物中氯含量的测定常用莫尔法。此法在中性或弱碱性溶液中,以 K_2CrO_4 为指示剂,以 $AgNO_3$ 标准溶液进行滴定。由于 AgCl 沉淀的溶解度比 Ag_2CrO_4 小,因此,溶液中首先析出 AgCl 沉淀。当 AgCl 定量沉淀后,过量一滴 $AgNO_3$ 溶液即与 CrO_4^{2-} 生成砖红色 Ag_2CrO_4 沉淀,指示达到终点。主要反应如下:

$$Ag^+ + Cl^- \longrightarrow AgCl\downarrow(白色) \qquad K_{sp}=1.8\times10^{-10}$$

$$2Ag^+ + CrO_4^{2-} \longrightarrow Ag_2CrO_4\downarrow(砖红色) \qquad K_{sp}=2.0\times10^{-12}$$

滴定必须在中性或弱碱性溶液中进行,最适宜 pH 范围为 6.5～10.5。如果有铵盐存在,溶液的 pH 需控制在 6.5～7.2 之间。

指示剂的用量对滴定有影响,一般以 5×10^{-5} mol·L^{-1} 为宜。凡是能与 Ag^+ 生成难溶性化合物或配合物的阴离子都干扰测定。如 PO_4^{3-}、AsO_4^{3-}、SO_3^{2-}、S^{2-}、CO_3^{2-}、$C_2O_4^{2-}$ 等。其中 H_2S 可加热煮沸除去,将 SO_3^{2-} 氧化成 SO_4^{2-} 后不再干扰测定。大量 Cu^{2+}、Ni^{2+}、Co^{2+} 等有色离子将影响终点观察。凡是能与 CrO_4^{2-} 指示剂生成难溶性化合物的阳离子也可干扰测定,如 Ba^{2+},Pb^{2+} 能与 CrO_4^{2-} 分别生成 $BaCrO_4$ 和 $PbCrO_4$ 沉淀。Ba^{2+} 的干扰可加入过量的 Na_2SO_4 消除。

Al^{3+}、Fe^{3+}、Bi^{3+}、Sn^{4+} 等高价金属离子在中性或弱碱性溶液中易水解产生沉淀,会干扰测定。

三、主要仪器和试剂

1. 仪器

高温炉、干燥器、瓷坩埚、天平、移液管、吸量管等。

2. 试剂

(1)NaCl 基准试剂 将 NaCl 在 500～600℃高温炉中灼烧 0.5 h 后，置于干燥器中冷却。也可将 NaCl 置于带盖的瓷坩埚中，加热，并不断搅拌，待爆炸声停止后，继续加热 15 min，将坩埚放入干燥器中冷却后使用。

(2)$AgNO_3$ 溶液(0.1 mol·L^{-1}) 称取 8.5 g $AgNO_3$ 溶解于 500 mL 不含 Cl^- 的蒸馏水中，将溶液转入棕色试剂瓶中，置暗处保存，以防光照分解。

(3)K_2CrO_4 溶液(50 g·L^{-1})。

四、实验步骤

1. $AgNO_3$ 溶液的标定

准确称取 0.5～0.65 g NaCl 基准物于小烧杯中，用蒸馏水溶解后，转入 100 mL 容量瓶中，稀释至刻度，摇匀。

用移液管移取 25.00 mL NaCl 溶液于 250 mL 锥形瓶中，加入 25 mL 水，用吸量管加入 1 mL K_2CrO_4 溶液，在不断摇动下，用 $AgNO_3$ 溶液滴定至呈现砖红色，即为终点。平行标定 3 份。根据所消耗 $AgNO_3$ 的体积和 NaCl 的质量，计算 $AgNO_3$ 的浓度。

2. 试样分析

准确称取 2 g NaCl 试样置于烧杯中，加水溶解后，转入 250 mL 容量瓶中，用水稀释至刻度，摇匀。

用移液管移取 25.00 mL 试液于 250 mL 锥形瓶中，加入 25 mL 水，用 1 mL 吸量管加入 1 mL K_2CrO_4 溶液，在不断摇动下，用 $AgNO_3$ 标准溶液滴定至溶液出现砖红色，即为终点。平行测定 3 份，计算试样中氯的含量。

实验完毕后，将装 $AgNO_3$ 溶液的滴定管先用蒸馏水冲洗 2～3 次后，再用自来水洗净，以免 AgCl 残留于管内。

五、思考题

(1)莫尔法测氯时，为什么溶液的 pH 须控制在 6.5～10.5?

(2)以 K_2CrO_4 作指示剂时，指示剂浓度过大或过小对测定有何影响?

(3)用莫尔法测定“酸性光亮度铜液”(主要成分为 $CuSO_4$ 和 H_2SO_4)中的氯含量时，试液应做哪些预处理?

实验二十四　氯化物中氯含量的测定(佛尔哈德法)

一、实验目的

(1)学习 NH_4SCN 标准溶液的配制和标定。

(2)掌握用佛尔哈德法返滴定测定氯化物中氯含量的原理和方法。

二、实验原理

在含 Cl^- 的酸性试液中，加入一定量过量的 Ag^+ 标准溶液，定量生成 AgCl 沉淀后，过量

Ag^+以铁铵矾为指示剂，用NH_4SCN标准溶液回滴，由$Fe(SCN)^{2+}$络离子的红色，指示滴定终点。主要反应为

$$Ag^+ + Cl^- \longrightarrow AgCl\downarrow(白色) \qquad K_{sp}=1.8\times10^{-10}$$

$$Ag^+ + SCN^- \longrightarrow AgSCN\downarrow(白色) \qquad K_{sp}=1.0\times10^{-12}$$

$$Fe^{3+} + SCN^- \longrightarrow Fe(SCN)^{2+}\downarrow(白色) \qquad K_1=138$$

指示剂用量大小对滴定有影响，一般控制Fe^{3+}浓度为0.015 mol·L^{-1}为宜。

滴定时，控制氢离子浓度为0.1～1 mol·L^{-1}，激烈摇动溶液，并加入硝基苯(有毒!)或石油醚保护AgCl沉淀，使其与溶液隔开，防止AgCl沉淀与SCN^-发生交换反应而消耗滴定剂。

测定时，能与SCN^-生成沉淀，或生成配合物，或能氧化SCN^-的物质均有干扰。PO_4^{2-}、AsO_4^{3-}、CrO_4^{2-}等离子，由于酸效应的作用而不影响测定。

佛尔哈德法常用于直接测定银合金和矿石中的银的质量分数。

三、主要仪器和试剂

1. 仪器

移液管、锥形瓶、滴定管。

2. 试剂

(1)$AgNO_3$(0.1 mol·L^{-1}，见莫尔法)。

(2)NH_4SCN (0.1 mol·L^{-1})　称取3.8 g NH_4SCN用500 mL水溶解后转入试剂瓶中。

(3)铁铵矾指示剂溶液(400 g·L^{-1})、HNO_3(0.1 mol·L^{-1})、HNO_3(1∶1)(若含有氮的氧化物而呈黄色时，应煮沸驱除氮化合物)、硝基苯、NaCl试样(见莫尔法)。

四、实验步骤

1. NH_4SCN溶液的标定

用移液管移取$AgNO_3$标准溶液25.00 mL于250 mL锥形瓶中，加入5 mL(1∶1) HNO_3，铁铵矾指示剂1.0 mL，然后用NH_4SCN溶液滴定。滴定时，剧烈振荡溶液，当滴至溶液颜色为淡红色稳定不变时即为终点。平行标定3份。计算NH_4SCN溶液浓度。

2. 试样分析

准确称取约2 g NaCl试样于50 mL烧瓶中，加水溶解后，转入250 mL容量瓶中，稀释至刻度，摇匀。

用移液管移取25.00 mL试样溶液于250 mL锥形瓶中，加25 mL水，5 mL (1∶1) HNO_3，由滴定管加入$AgNO_3$标准溶液至过量5～10 mL(加入$AgNO_3$溶液时，生成白色AgCl沉淀，接近计量点时，氯化银要凝聚，振荡溶液，再让其静置片刻，使沉淀沉降，然后加入几滴$AgNO_3$到清液层，如不生成沉淀，说明$AgNO_3$已过量，这时，再适当过量5～10 mL $AgNO_3$即可)。然后加入2 mL硝基苯，用橡皮塞塞住瓶口，剧烈振荡30 s，使AgCl沉淀进入硝基苯层而与溶液隔开。再加入铁铵矾指示剂1.0 mL，用NH_4SCN标准溶液滴至出现

淡红色的 $Fe(SCN)^{2+}$ 配合物稳定不变时即为终点。平行测定 3 份，计算 NaCl 试样中氯的含量。

五、思考题

(1)佛尔哈德法测氯时，为什么要加入石油醚或硝基苯？当用此法测定 Br^-、I^- 时，还需加入石油醚或硝基苯吗？

(2)试讨论酸度对佛尔哈德法测定卤素离子含量时的影响。

(3)本实验为什么用 HNO_3 酸化？可否用 HCl 溶液或 H_2SO_4 酸化？为什么？

实验二十五　方案设计实验

1. 法杨司(Fajans)法测定氯化物中的氯含量

法杨司法又称为吸附指示法，它可以测定试样中的 Cl^-，Br^-，I^-，SCN^- 等离子的含量。AgX(X 代表 Cl^-，Br^-，I^-，SCN^-)胶体沉淀具有强烈的吸附作用，能选择性地吸附溶液中的离子，首先是构晶离子。对 AgCl 沉淀而言，若溶液中 Cl^- 过量，则沉淀表面吸附 Cl^-，使胶粒带负电荷。吸附层中的 Cl^- 能疏松地吸附溶液中的阳离子(抗衡离子)组成扩散层。相反，当溶液中 Ag^+ 过量，则沉淀表面吸附 Ag^+，使胶粒带正电荷，而溶液中的阴离子则作为抗衡离子主要存在于扩散层中。

滴定终点可用二氯荧光黄($pK_a=4$)等有机染料来指示。当二氯荧光黄(以 HFI 表示，其离解的阴离子 FI^- 为黄绿色)被吸附在胶体表面后，可能由于形成某种化合物而导致分子结构的变化，从而引起颜色的变化。因此，在滴定过程中，终点前后沉淀结构的变化可用下面两个方程来表示：

$$Ag^+ + NO_3^- + AgCl \cdot Cl^- | Na^+(固) = AgCl \cdot Ag^+ | NO_3^- \downarrow + Na^+ + Cl^- \quad (1)$$

$$\underset{(黄色)}{AgCl \cdot Ag^+ | NO_3^-(固) + HFI} = \underset{(红色)}{AgCl \cdot Ag^+ | FI^-} + H^+ + NO_3^- \quad (2)$$

滴定酸度的控制由指示剂的解离常数 K_a 和 Ag^+ 的水解酸度决定。应用二氯荧光黄指示剂时，虽然可在 pH 为 4～10 范围内进行，但要注意当 pH 太高时，指示剂 FI^- 阴离子形成浓度较大，势必导致化学计量点前会有一些 FI^- 与 $AgCl \cdot Cl^-$ 吸附层中的 Cl^- 交换，致使终点颜色变化不明显。

为了保持 AgCl 沉淀尽量呈胶体状态，可加入糊精或聚乙烯醇溶液。

可用基准 NaCl 标定 $AgNO_3$ 溶液的浓度。

2. 醋酸银溶度积的测定

醋酸银(AgAc)溶度积的测定可用微量滴定管，以佛尔哈德直接滴定法完成。其基本原理为：

醋酸银是一种微溶性的强电解质，在一定温度下，饱和的 AgAc 溶液存在着下列平衡：

$$AgAc = Ag^+ + Ac^-$$

$$K_{sp}(AgAc)=[Ag^+][Ac^-] \quad (1)$$

当温度一定时，K_{sp} 为常数，它不随$[Ag^+]$和$[Ac^-]$的变化而改变。因此，测出饱和溶液中 Ag^+ 和 Ac^- 的浓度，即可求出该温度时的 K_{sp}。

本实验以铁铵矾作指示剂，用 NH_4SCN 标准溶液进行沉淀滴定，测饱和溶液中的 Ag^+ 的浓度，此即佛尔哈德直接滴定法：

$$SCN^- + Ag^+ \Longrightarrow AgSCN \qquad K_{sp}=[Ag^+][SCN^-]=1.0\times10^{-12}$$

而

$$SCN^- + Fe^{3+} \Longrightarrow FeSCN^{2+}（红色）$$

$$K_{稳}=\frac{[FeSCN^{2+}]}{[SCN^-][Fe^{3+}]}=8.9\times10^2$$

当 Ag^+ 全部沉淀后，溶液中$[SCN^-]=10^{-6}\ mol\cdot L^{-1}$，而人眼能观察到 $FeSCN^{2+}$ 的红色，浓度约为 $10^{-5}\ mol\cdot L^{-1}$，则要求$[SCN^-]$约为 $2\times10^{-5}\ mol\cdot L^{-1}$，必须在 Ag^+ 全部转化为 AgSCN 白色沉淀后再过量半滴(约 0.02 mL)，才能使$[SCN^-]$达到 $2\times10^{-5}\ mol\cdot L^{-1}$，因而可用铁铵钒作指示剂测定 Ag^+ 浓度。

AgAc 饱和溶液中$[Ac^-]$的计算：设 $AgNO_3$ 溶液的浓度为 $c(Ag^+)$，NaAc 溶液的浓度为 $c(Ac^-)$，$AgNO_3$ 溶液 $V(Ag^+)$与 NaAc 溶液 $V(Ac^-)$混合后总体积为 $V(Ag^+)+V(Ac^-)$（混合后体积变化忽略不计）。用佛尔哈德法则出 AgAc 饱和溶液中 Ag^+ 浓度为$[Ag^+]$，则 AgAc 饱和溶液中$[Ac^-]$的浓度为：

$$[Ac^-]=\frac{c(Ac^-)V(Ac^-)-c(Ag^+)V(Ag^+)}{V(Ac^-)+V(Ag^+)}+[Ag^+] \quad (2)$$

将测得的$[Ag^+]$与(2)式计算得到的$[Ac^-]$代入(1)式求得 $K_{sp}(AgAc)$。

Chapter 8 第 8 章

重量分析法

第一节　重量分析法基本操作

重量分析法是分析化学重要的经典分析方法。沉淀重量分析法是利用沉淀反应，使待测物质转变成一定的称量形式后测定物质含量的方法。

沉淀类型主要分成两类，一类是晶形沉淀，另一类是无定形沉淀。对晶形沉淀（如 $BaSO_4$）使用的重量分析法，一般过程如下。

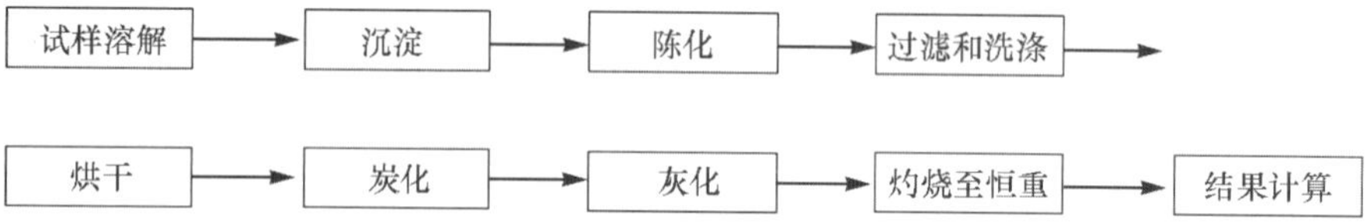

1. 试样溶解

溶样方法主要分为两种，一是用水、酸溶解，二是高温熔融法。

2. 沉淀

晶形沉淀的沉淀条件是：稀、热、慢、搅、陈"五字原则"，即

(1)沉淀的溶液要适当稀；

(2)沉淀时应将溶液加热；

(3)沉淀速度要慢，操作时应注意边沉淀边搅拌。为此，沉淀时，左手拿滴管逐滴加入沉淀剂，右手持玻璃棒不断搅拌；

(4)沉淀完全后要放置陈化。

3. 陈化

沉淀完全后，盖上表面皿，放置过夜或在水浴上保温 1 h 左右。陈化的目的是使小晶体长成大晶体，不完整的晶体转变成完整的晶体。

4. 过滤和洗涤

重量分析法使用的定量滤纸，称为无灰滤纸，每张滤纸的灰分质量约为 0.08 mg，可以忽略。过滤 $BaSO_4$ 用的滤纸可用慢速或中速滤纸。

过滤用的玻璃漏斗锥体角度应为60°，颈的直径不能太大，一般应为3～5 mm，颈长为15～20 cm，颈口处磨成45°，如图8-1所示。漏斗的大小应与滤纸的大小相适应。应使折叠后滤纸的上缘低于漏斗上沿0.5～1 cm，决不能超出漏斗边缘。

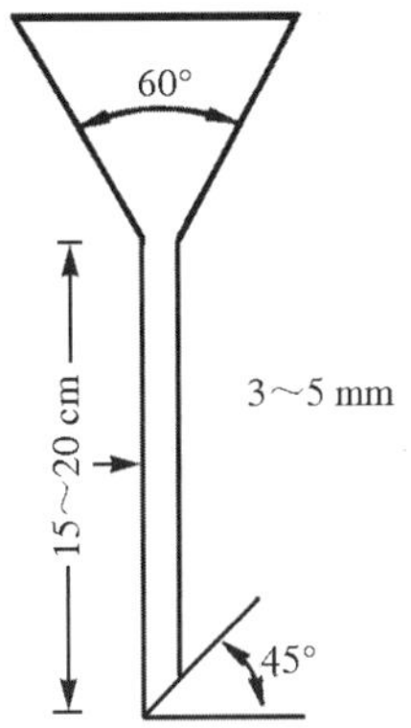

图 8-1 漏斗规格

滤纸一般按四折法折叠，折叠时，应先将手洗干净，擦干，以免弄脏滤纸。滤纸的折叠方法是先将滤纸整齐地对折，然后再对折，这时不要把两角对齐，如图8-2(a)所示。将其打开后成为顶角稍大于60°的圆锥体，如图8-2(b)所示。

为保证滤纸和漏斗密合，第二次对折时不要折死，先把圆锥体打开，放入洁净而干燥的漏斗中，如果上边边缘不十分密合，可以稍稍改变滤纸折叠的角度，直到与漏斗密合为止。用手轻按滤纸，将第二次的折边折死，所得圆锥体的半边为三层，另半边为一层。然后取出滤纸，将三层厚的紧贴漏斗的外层撕下一角，如图8-2(a)所示，保存于干燥的表面皿上，备用。

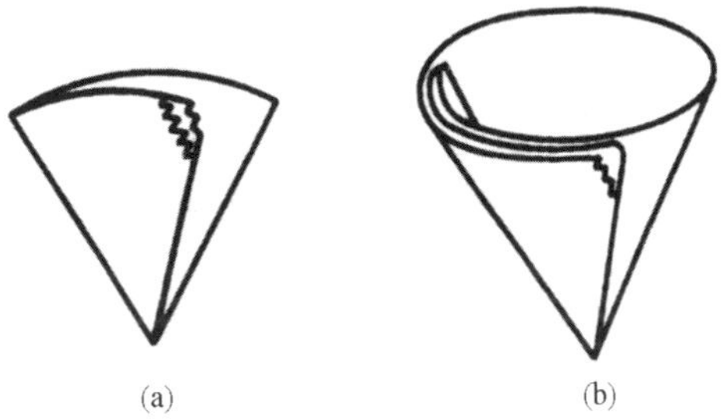

图 8-2 滤纸折叠的方法

将折叠好的滤纸放入漏斗中，且三层的一边应放在漏斗出口短的一边。用食指按紧三层的一边，用洗瓶吹入少量水将滤纸润湿，然后，轻轻按滤纸边缘，使滤纸的锥体与漏斗间没有空隙(注意三层与一层之间处应与漏斗密合)。按好后，用洗瓶加水至滤纸边缘，这时漏斗颈内应全部被水充满，当漏斗中水全部流过后，颈内水柱仍能保留且无气泡。

若不形成完整的水柱，可以用手堵住漏斗下口，稍掀起滤纸三层一边，用洗瓶向滤纸与漏斗间的空隙里加水，直到漏斗颈和锥体大部分被水充满，然后按紧滤纸边，放开堵住出口的手指，此时水柱即可形成。

最后再用蒸馏水冲洗一次滤纸，然后将准备好的漏斗放在漏斗架上，下面放一洁净的烧杯承接滤液，使漏斗出口长的一边紧靠杯壁，漏斗和烧杯上均盖好表面皿，备用。

过滤一般分三个阶段进行。第一阶段采用倾斜法，尽可能地过滤清液，如图8-3所示；第二阶段是洗涤沉淀并将沉淀转移到漏斗中；第三阶段是清洗烧杯和洗涤漏斗中的沉淀。

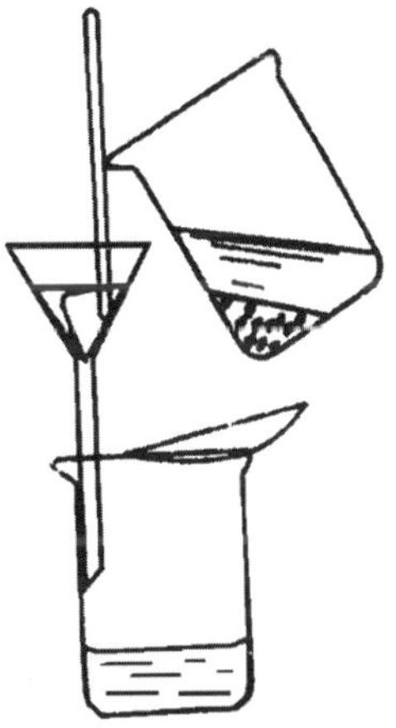
图 8-3 倾斜法过滤

采用倾斜法是为了避免沉淀堵塞滤纸上的空隙，影响过滤速度。待烧杯中沉淀下降以后，将清液倾入漏斗中。溶液应沿着玻璃棒流入漏斗中，而玻璃棒的下端对着滤纸三层厚的一边，并尽可能接近滤纸，但不能接触滤纸。倾入的溶液一般不要超过滤纸的 2/3，或离滤纸上边缘至少 5 mm，以免少量沉淀因毛细管作用越过滤纸上缘，造成损失，且不便洗涤。暂停倾泻溶液时，将烧杯嘴沿玻璃棒向上提起，以免使烧杯嘴上的液滴流失。

过滤过程中，带有沉淀和溶液的烧杯应如图 8-4 所示放置，即在烧杯下放一块木头，使烧杯倾斜，以利沉淀和清液分开，便于转移清液。同时玻璃棒不要靠在烧杯嘴上，避免烧杯嘴上的沉淀沾在玻璃棒上部而损失。采用倾斜法如一次不能将清液倾注完时，应待烧杯中沉淀下沉后再次倾注。

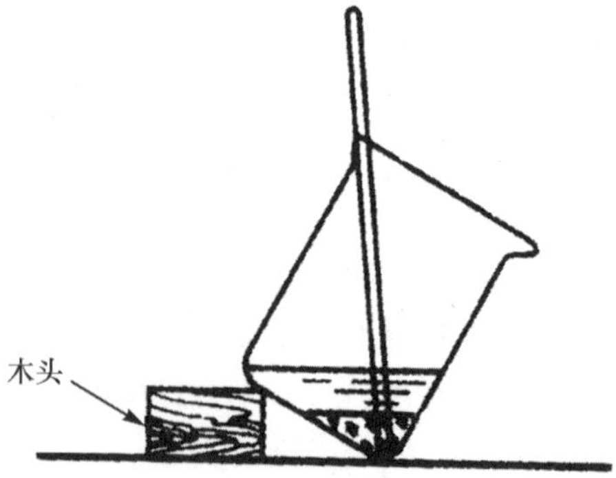

图 8-4　过滤时带沉淀和溶液的烧杯放置方法

倾斜法将清液完全转移后，应对沉淀作初步洗涤。洗涤时，用洗瓶每次约 10 mL 洗涤液吹洗烧杯四周内壁，使黏附着的沉淀集中在杯底部，每次的洗涤液同样用倾斜法过滤。如此洗涤 3～4 次杯内沉淀。然后再加少量洗涤液于烧杯中，搅动沉淀使之混匀，立即将沉淀和洗涤液一起，通过玻璃棒转移至漏斗中。再加入少量洗涤液于烧杯中，搅拌混匀后再转移至漏斗中。如此重复几次，使大部分沉淀转移至漏斗中。然后再按图 8-5(a)所示的吹洗方法将沉淀吹洗至漏斗中。即用左手把烧杯拿在漏斗上方，烧杯嘴向着漏斗，拇指在烧杯嘴下方，使玻璃棒伸出烧杯嘴 2～3 cm。然后用左手食指按在玻璃的较高位置，倾斜烧杯使玻璃棒下端指向滤纸三层一边，用右手拿洗瓶吹洗整个烧杯壁，使洗涤液和沉淀沿玻璃棒流入漏斗中。如果仍有少量沉淀牢牢地黏附在烧杯壁上而吹洗不下来时，可将烧杯放在桌上，用沉淀帚[如图 8-5(b)所示，它是一头带橡皮的玻璃棒]在烧杯内壁自上而下，自左至右擦拭，使沉淀集中在底部。再按图 8-5(a)操作将沉淀洗入漏斗中。对牢固的粘在杯壁上的沉淀，也可用前面折叠滤纸时撕下的滤纸角擦拭玻璃棒和烧杯内壁，将此滤纸角放在漏斗的沉淀上。

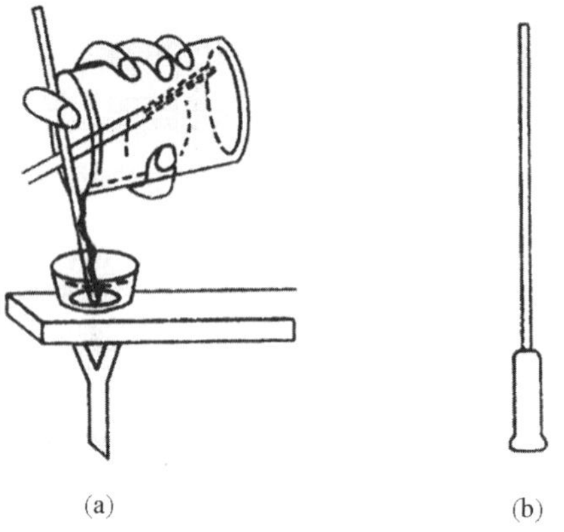

图 8-5　吹洗沉淀的方法和沉淀帚

经吹洗、擦拭后的烧杯内壁，应在明亮处仔细检查是否吹洗、擦拭干净，包括玻璃棒、表面皿、沉淀帚和烧杯内壁都要认真检查。

必须指出，过滤开始后，应随时检查滤液是否透明，如不透明，说明有穿滤。这时必须换另一洁净烧杯承接滤液，在原漏斗上将穿滤的滤液进行第二次过滤。如发现滤纸穿孔，则应更换滤纸重新过滤，而第　次用过的滤纸应保留。

沉淀全部转移到滤纸上后，应对它进行洗涤。其目的在于将沉淀表面所吸附的杂质和残留的母液除去，其方法如图 8-6 所示，即洗瓶的水流从滤纸的多重边缘开始，螺旋形往下移动，最后到多重部分停止，称为“从缝到缝”。这样可使沉淀洗得干净且可将沉淀集中到滤纸的底部。为了提高洗涤效率,应掌握洗涤方法的要领。洗涤沉淀时要少量多次,即每次螺旋形往下洗涤时,所用洗涤剂的量要少,便于尽快沥干,沥干后再进行洗涤。如此反复多次,直至沉淀洗净为止。这通常称为"少量多次"原则。

5. 烘干

滤纸和沉淀的烘干通常在煤气灯上或电炉上进行。操作步骤是用扁头玻璃棒将滤纸边挑起,向中间折叠,将沉淀盖住,如图 8-7 所示。再用玻璃棒轻轻转动滤纸包,以便擦净漏斗内壁可能沾有的沉淀。然后将滤纸包转移至已恒重的坩埚中,将坩埚倾斜放置,使多层滤纸部分朝上,以利烘烤。坩埚的外壁和盖先用蓝黑墨水或 $K_4[Fe(CN)_6]$溶液编号。烘干时,盖上坩埚盖,但不要盖严,如图 8-8(a)所示。

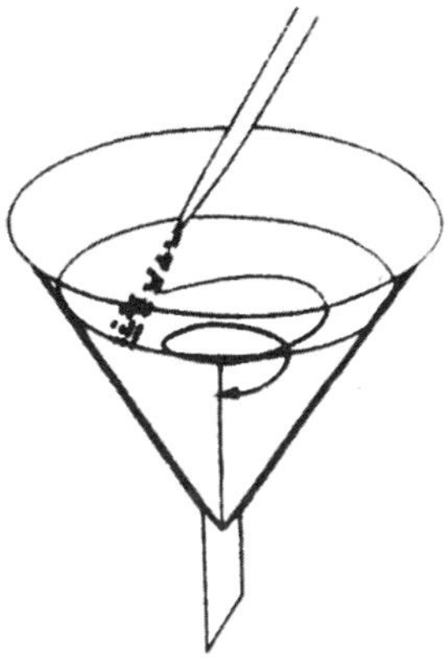

图 8-6 沉淀的洗涤

图 8-7 沉淀的包裹

6. 炭化

炭化是将烘干后的滤纸烤成炭黑状。

7. 灰化

灰化是使呈炭黑状的滤纸灼烧成灰。炭化和灰化的灼烧方法,如图 8-8(b)所示。烘干,炭化、灰化,应由小火到强火,一步一步完成,不能性急,不要使火焰加得太大。炭化时如遇滤纸着火、可立即用坩埚盖盖住,使坩埚内的火焰熄灭(切不可用嘴吹灭)。着火时,不能置之不理,让其燃尽这样易使沉淀随大气流飞散损失。待火熄灭后,将坩埚盖移至原来位置,继续加热至全部炭化(滤纸变黑)直至灰化。

8. 灼烧至恒重

沉淀和滤纸灰化后,将坩埚移入高温炉中(根据沉淀性质调节适宜温度),盖上坩埚盖,但留有空隙。与灼烧空坩埚时相同温度下,灼烧 40～45 min,与空坩埚灼烧操作相同,取出坩埚,冷至室温,称重。然后进行第二次,第三次灼烧,直至坩埚和沉淀恒重为止。一般第二次以后的灼烧 20 min 即可。所谓恒重,是指

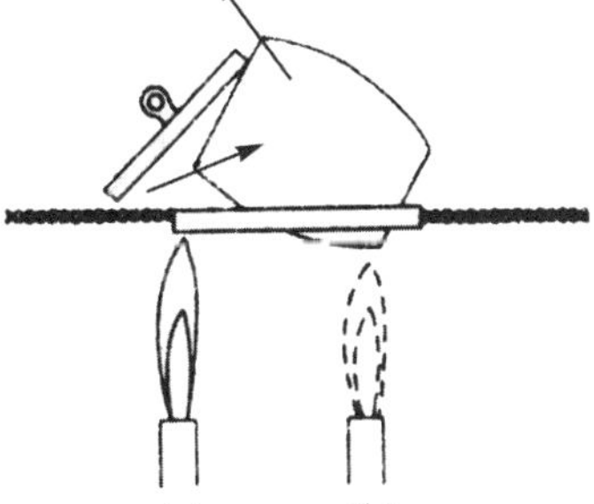

图 8-8 沉淀和滤纸在坩埚中烘干、炭化和灰化的火焰位置

(a)烘干火焰;(b)炭化、灰化火焰。

相邻两次灼烧后的称量差值不大于 0.4 mg。

从高温炉中取出坩埚时，将坩埚移至炉口，至红热稍退后，再将坩埚从炉中取出放干燥器中洁净的瓷板上，盖好盖子，随后需开启干燥器盖 1～2 次。在夹取坩埚时，坩埚钳应预热。

在干燥器内冷却时，原则是冷至室温，一般需 30 min 左右。但要注意，每次灼烧、称重和放置的时间，都要保持一致。

使用干燥器时，首先将干燥器擦干净，烘干多孔瓷板后，将干燥剂通过一纸筒装入干燥器的底部，如图 8-9 所示，避免干燥剂玷污内壁的上部。然后盖上瓷板。

图 8-9　装入干燥剂的方法

干燥剂一般用变色硅胶。此外还可用无水氯化钙等。由于各种干燥剂吸收水分的能力都是有一定限度的，因此干燥器中的空气并不是绝对干燥，而只是湿度相对降低而已。所以灼烧和干燥后的坩埚和沉淀，如在干燥器中放置过久，可能会吸收少量水分而使质量增加，这点须加注意。

干燥器盛装干燥剂后，应在干燥器的磨口上涂上一层薄而均匀的凡士林油，然后再盖上干燥器盖。

开启干燥器时，左手按住干燥器的下部，右手按住盖子上的圆顶。向左前方推开器盖，如图 8-10 所示。盖子取下后应拿在右手中，用左手放入(或取出)坩埚(或称量瓶)，及时盖上干燥器盖。盖子取下后，也可放在桌子上安全的地方(注意要磨口向上，圆顶朝下)。加盖时，也应当拿住盖上圆顶，推着盖好。

当坩埚等放入干燥器时，一般应放在瓷板圆孔内。若坩埚等热的容器放入干燥器后，应连续推开干燥器 1～2 次。

搬动或挪动干燥器时，应该用两手的拇指同时按住盖，防止滑落打破。如图 8-11 所示。

图 8-10　开启干燥器的操作

图 8-11　搬动干燥器的操作

空坩埚的恒重方法和灼烧温度，均与灼烧沉淀时相同。坩埚与沉淀的恒重质量与空坩埚的恒重质量之差，即为沉淀的质量。现在，生产单位常用一次灼烧法，即先称恒重后带沉淀的坩埚的重量(称为总质量)，然后，用毛笔刷去沉淀，再称出空坩埚质量，用差减法即可求出沉淀的质量。

对非晶形沉淀使用的重量分析法，其分析过程与晶形沉淀重量分析法有区别，应查阅有关分析方法进行。

用有机试剂沉淀的重量分析法（如镍的丁二酮肟沉淀法）的一般过程：

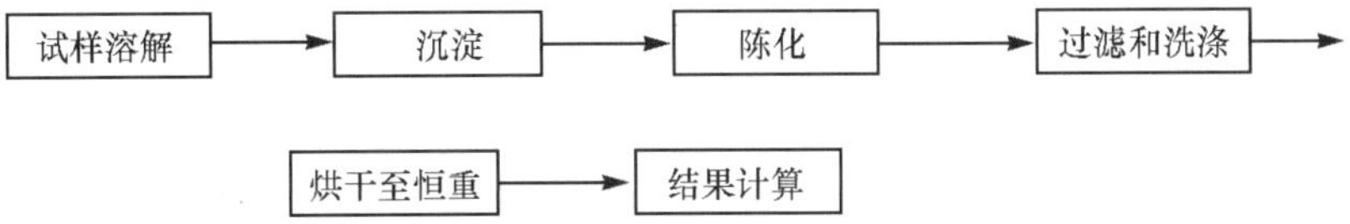

此过程与晶形沉淀使用的重量分析法过程大致相同，其中一般不采用灼烧的方法，因为灼烧会使换算因子大大增大，这是不利于测定的，其中沉淀过滤是用微孔玻璃坩埚（或漏斗）进行的。微孔玻璃斗和坩埚如图 8-12、图 8-13 所示。此种过滤器皿的滤板是用玻璃粉末在高温熔结而成。按照微孔的孔径，由大到小分为 6 级，G1～G6（或 1～6 号）。1 号的孔径最大（80～120 μm），6 号孔径最小（2 μm 以下）。在定量分析中，一般用 G3～G5 规格（相当于慢速滤纸）过滤细晶形沉淀。使用此类滤器时，需用减压抽气法过滤，如图 8-14 所示。凡是烘干后即可称重或热稳定性差的沉淀（如 AgCl），均需采用微孔玻璃漏斗（或坩埚）过滤。

不能用玻璃漏斗或坩埚过滤强碱性溶液，因它会损坏坩埚或漏斗的微孔。

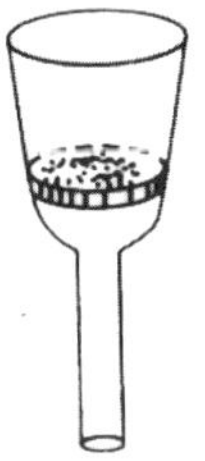

图 8-12 微孔玻璃漏斗

图 8-13 微孔玻璃坩埚

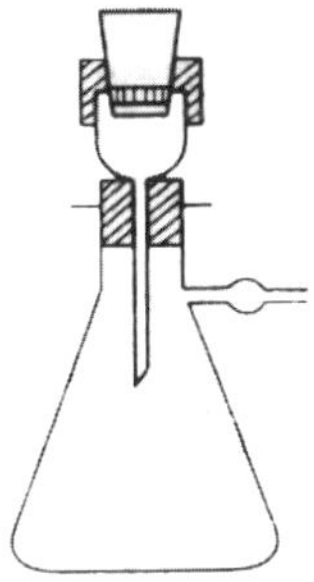

图 8-14 抽滤装置

重量分析法的特点是干扰少，准确度高，至今仍有广泛的应用。其缺点是操作烦琐，费时。也可以用微波炉代替马福炉，用微波技术重量分析法。例如以 $BaSO_4$ 沉淀重量法测定 Ba^{2+} 时，用微孔玻璃坩埚过滤 $BaSO_4$ 沉淀并用微波炉干燥。但此法对沉淀条件和洗涤操作的要求更加严格，沉淀中不得包藏有 H_2SO_4 等高沸点杂质，否则在干燥过程中不易分解或挥发，而灼烧干燥时可以除去 H_2SO_4 等杂质。

二维码 11 重量分析法基本操作视频*

第二节　重量分析法实验

实验二十六　二水合氯化钡中钡含量的测定（硫酸钡晶形沉淀重量分析法）

实验前应预习本教材第一节的有关内容。

一、实验目的

(1)了解测定 $BaCl_2 \cdot 2H_2O$ 中钡的含量的原理和方法。

(2)掌握晶形沉淀的制备、过滤、洗涤、灼烧及恒重等基本操作技术。

二、实验原理

$BaSO_4$ 重量法，既可用于测定 Ba^{2+}，也可用于测定 SO_4^{2-} 的含量。

称取一定量 $BaCl_2 \cdot 2H_2O$，用水溶解，加稀 HCl 溶液酸化，加热至微沸，在不断搅动下，慢慢地加入稀、热的 H_2SO_4，Ba^{2+} 与 SO_4^{2-} 反应，形成晶形沉淀。沉淀经陈化、过滤、洗涤、烘干、炭化、灰化、灼烧后，以 $BaSO_4$ 形式称量，可求出 $BaCl_2 \cdot 2H_2O$ 中的 Ba 的含量。

Ba^{2+} 可生成一系列微溶化合物，如 $BaCO_3$、BaC_2O_4、$BaCrO_4$、$BaHPO_4$、$BaSO_4$ 等，其中以 $BaSO_4$ 溶解度最小，100 mL 溶液中，100℃时溶解 0.4 mg，25℃时仅溶解 0.25 mg。当过量沉淀剂存在时，溶解度大为减少。一般可以忽略不计。

硫酸钡重量法一般在 0.05 $mol \cdot L^{-1}$ 左右盐酸介质中进行沉淀，它是为了防止产生 $BaCO_3$、$BaHPO_4$、$BaHAsO_4$ 沉定以及防止生成 $Ba(OH)_2$ 共沉淀。同时，适当提高酸度，增加 $BaSO_4$ 在沉淀过程中的溶解度，以降低其相对饱和度，有利于获得较好的晶形沉淀。

用 $BaSO_4$ 重量法测定 Ba^{2+} 时，一般用稀 H_2SO_4 必须过量。由于 H_2SO_4 在高温下可挥发除去，故沉淀带下的 H_2SO_4 不致引起误差，因此沉淀剂可过量 50%～100%。用 $BaSO_4$ 重量法测定 SO_4^{2-} 时，沉淀剂 $BaCl_2$ 只允许过量 20%～30%，因为 $BaCl_2$ 灼烧时不易挥发除去。

$PbSO_4$、$SrSO_4$ 的溶解度均较小，Pb^{2+}，Sr^{2+} 对钡的测定有干扰。NO_3^-、ClO_3^-、Cl^- 等阴离子和 K^+、Na^+、Ca^{2+}、Fe^{3+} 等阳离子均可以引起共沉淀现象，故应严格掌握沉淀条件，减少共沉现象，以获得纯净的 $BaSO_4$ 晶形沉淀。

三、主要试剂和仪器

1. 仪器

瓷坩埚(25 mL 2～3 个)、定量滤纸(慢速或中速)、沉淀帚(一把)、玻璃漏斗(2 个)。

2. 试剂

1 $mol \cdot L^{-1}$、0.1 $mol \cdot L^{-1}$ H_2SO_4、2 $mol \cdot L^{-1}$ HCl、2 $mol \cdot L^{-1}$ HNO_3、0.1 $mol \cdot L^{-1}$ $AgNO_3$、$BaCl_2 \cdot 2H_2O$(A. R.)。

四、实验步骤

1. 称样及沉淀的制备

准确称取两份 0.4～0.6 g $BaCl_2 \cdot 2H_2O$ 试样，分别置于两个 250 mL 烧杯中，加入约 100 mL 水和 3 mL 2 $mol \cdot L^{-1}$ HCl 溶液，搅拌溶解，加热至近沸。

另取 4 mL 1 $mol \cdot L^{-1}$ H_2SO_4 两份于两个 100 mL 烧杯中，加水 30 mL，加热至近沸，趁热将两份 H_2SO_4 溶液分别用小滴管逐滴地加入到两份热的钡盐溶液中，并用玻璃棒不断搅拌，直至两份 H_2SO_4 溶液加完为止。待 $BaSO_4$ 沉淀下沉后，于上层清液中加入 1～2 滴 1 $mol \cdot L^{-1}$ H_2SO_4 溶液，仔细观察沉淀是否完全。沉淀下沉后，盖上表面皿(切勿将玻璃棒拿出杯外)，放置过夜陈化。也可将沉淀放在水浴或沙浴上，保温陈化 40 min。

2. 沉淀的过滤和洗涤

按前述操作，用慢速或中速滤纸倾斜法过滤。用稀 H_2SO_4(用 1 mL 1 $mol \cdot L^{-1}$ H_2SO_4 加 100 mL 水配成)洗涤沉淀 3～4 次，每次约 10 mL。然后，将沉淀定量转移到滤纸上，用沉淀帚由上到下擦拭烧杯内壁，并用折叠滤纸撕下的小片滤纸擦拭杯壁，将此小片滤纸放于漏斗中，再用稀 H_2SO_4 洗涤 4～6 次，直至洗涤液中不含 Cl^- 为止(检查方法：用试管收集 2 mL 滤液，加 1 滴 2 $mol \cdot L^{-1}$ HNO_3 酸化，加入 2 滴 $AgNO_3$ 溶液，若无白色浑浊产生，表示 Cl^- 已洗净)。

3. 空坩埚的恒重

将两个洁净的瓷坩埚放在(800±20)℃的马福炉中灼烧至恒重。第一次灼烧 40 min，第二次后每次只灼烧 20 min。灼烧也可在煤气灯上进行。

4. 沉淀的灼烧和恒重

将折叠好的沉淀滤纸包置于已恒重的瓷坩埚中，经烘干、炭化、灰化后，在(800±20)℃马福炉中灼烧至恒重。计算 $BaCl_2 \cdot 2H_2O$ 中 Ba 的含量。

五、思考题

(1)为什么要在稀热 HCl 溶液中且不断搅拌下逐滴加入沉淀剂沉淀 $BaSO_4$？HCl 加入太多有何影响？

(2)为什么要在热溶液中沉淀 $BaSO_4$，但要在冷却后过滤？晶形沉淀为何要陈化？

(3)什么叫倾斜法过滤？洗涤沉淀时，为什么用洗涤液或水都要少量多次？

(4)什么叫灼烧至恒重？

二维码 12　钡盐中钡含量的测定视频*

Chapter 9 第9章

吸光光度分析法

第一节 分光光度计的结构及使用

一、721 型分光光度计

1. 性能与结构

721 型分光光度计是在可见光谱区域使用的一种单光束型仪器，工作波长范围为 360～800 nm，以钨丝白炽灯为光源，棱镜作为单色器，采用自准式光路，用 GD-7 型真空光电管作电转换器，以场效应管作为放大器，微电流用微安表显示。721 型分光光度计的结构如图 9-1 所示。

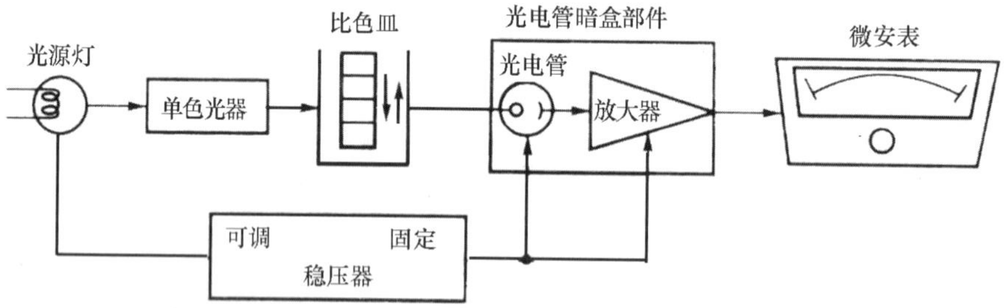

图 9-1 721 型分光光度计的结构示意图

2. 仪器操作步骤

721 型分光光度计的面板功能如图 9-2 所示。

(1)检查仪器各个调节旋钮的初始位置是否正确，接通电源，打开开关，打开试样室盖，预热 20 min。

(2)选定波长。根据实验要求，调节波长旋钮，使指针指示所需要的单色光波长。

(3)固定灵敏度挡。旋动灵敏度选择挡，选择合适的灵敏度，使其固定于某一挡，在实验过程中不再变动。选择的原则是：在能使参比溶液被很好调至“100%”的情况下，尽可能采

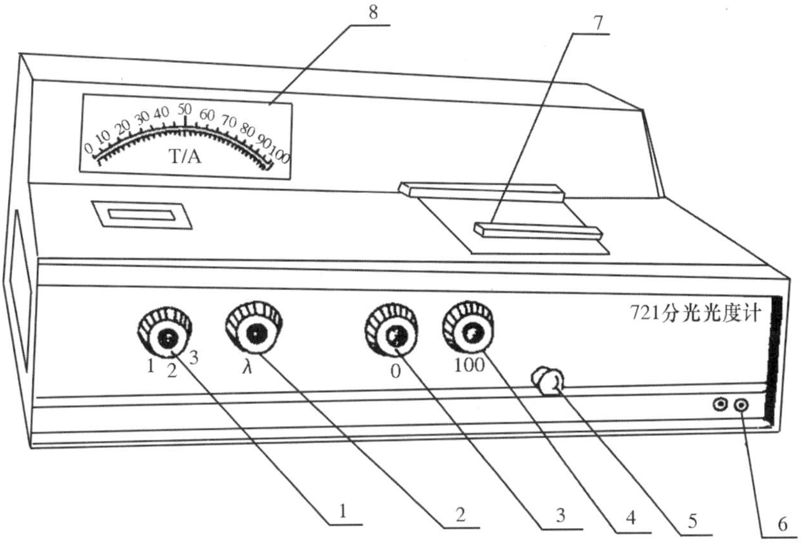

图 9-2 721 型分光光度计面板

1. 灵敏度挡；2. 波长调节器；3. 调“0”电位器；4. 光量调节器；
5. 比色皿座架拉杆；6. 电源开关；7. 比色皿暗箱；8. 读数表头。

用灵敏度较低的挡。使用时，首先调到“1”挡，灵敏度不够时再逐渐升高。但换挡改变灵敏度后，须重新校正“0”和“100%”。

(4)调节“0”点。轻轻旋转调零电位器，使微安表指针读数恰好指丁透光度为“0”处。

(5)调节 T=100%。将参比溶液和待测溶液分别装入选定的吸收池中，然后将它们依次置于试样室中的吸收池架上，通常将盛放参比溶液的吸收池放在第一格内。将试样室盖轻轻合上，即打开光闸，使参比溶液位于光路上，光线透过参比溶液照射在光电管上。调节100%光量调节器，使微安表指针指在透光度“100%”处。重复几次调节透光度“0”和“100%”处，直至稳定不变。

(6)将待测溶液推入光路，即可在微安表上直接读出溶液的吸光度或透光度。

3. 注意事项

(1)若连续测定时间过长，光电管疲劳会造成读数漂移。因此，每次读数后应随手打开试样室盖(光闸自动关闭)。

(2)关于比色皿的使用。

①拿取比色皿时，只能捏住比色皿的毛玻璃面，而不要碰比色皿的光学表面，以免受污染。

②比色皿在使用前，应先用盐酸-乙醇混合溶液浸泡片刻，再用自来水、蒸馏水、待测液洗涤。另外，在测定一系列溶液的吸光度时，通常都是按从稀到浓的顺序测定，以减小测量误差。

比色皿不能用碱溶液或氧化性强的溶液洗涤，以免损坏。也不能用毛刷清洗比色皿，以免损坏它的光学表面。每次做完实验，应立即洗净比色皿。

③比色皿外壁的水渍用镜头纸吸干，不要用其他纸擦拭，以保护光学表面不致产生伤痕。

④在实际分析中，通常根据溶液中被测物含量的不同，选用规格不同的比色皿，使溶液的吸光度控制在 0.2～0.8 范围之内。

⑤仪器底部有两只干燥剂圆筒，内装变色硅胶干燥剂；另有两包干燥剂放在比色皿暗箱内，应定期检查使其保持吸湿能力。

二、T6 新悦可见分光光度计

1. 仪器的面板功能图

如图 9-3 和图 9-4 所示。

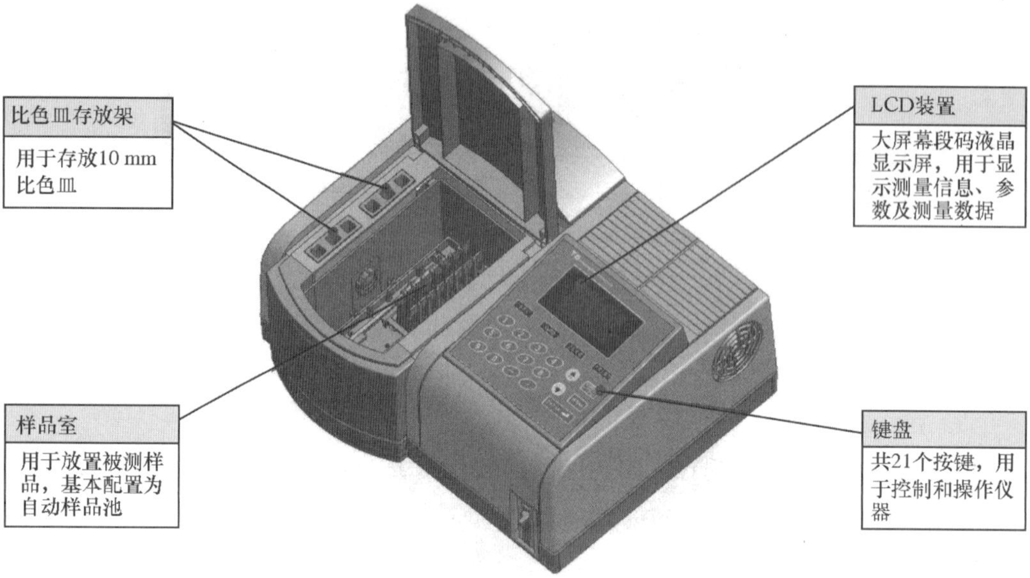

图 9-3　T6 新悦可见分光光度计的主机正面图

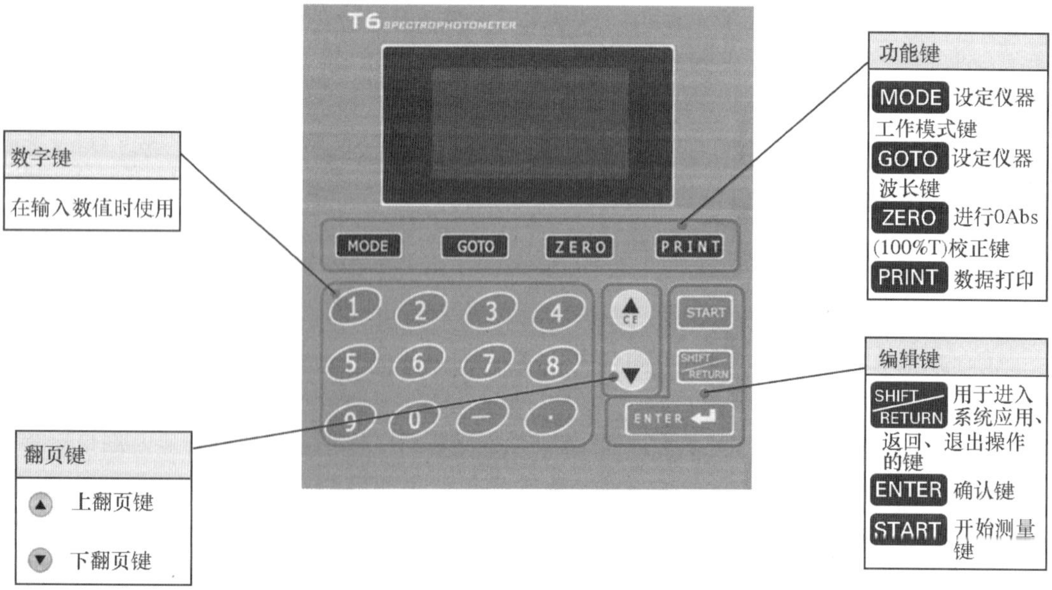

图 9-4　T6 新悦可见分光光度计的操作键盘功能图

2. 仪器操作步骤

(1)开机自检　依次打开打印机、仪器主机电源，仪器开始初始化：约 3 min 时间初始化完成。初始化完成后，仪器进入主菜单界面。

(2)设置测量波长　按 GOTO λ 键，设置所测量的波长，例如需要在 680 nm 测量，输入 680 后按 ENTER 确认。

(3)设置样品池个数　按 SHIFT/RETURN 键，进入系设置界面，根据使用比色皿个数按▼键将循环确定使用样品池个数。比如使用 2 个比色皿，循环按▼设置为 2：(表示只使用了 1 号、2 号样品池)。

(4)自动校零　样品池设置完成后，按 SHIFT/RETURN 键返回测量界面。在 1 号样品池放入空白溶液，按 ZERO 键进行空白校正。

(5)测量样品　自动校零完成后，在 2 号样品池中放入样品，按 START 键，进行测量。如仪器自动记录测量结果，屏幕只显示一个样品的吸光度值，调整波长。注意：更换波长后必须重新放入空白溶液，按 ZERO 键进行空白校正。

如果上次测量数据没有打印，按 START 键进行测量会出现如下提示：

此时按▼改变为 P-NO 表示不打印上次测量数据。

(如果需要按▼改变为 P-YES，表示打印)。按 ENTER 键开始继续测量。

注意：按 ENTER 键后将清除上次测量数据，建议选择打印，以免数据丢失。

建议：如果每次使用的比色皿数据是固定个数，下一次使用仪器时可以跳过前三步骤直接进入样品测量。

(6)结束测量　测量完成后按 PRINT 键打印数据，如果没有打印机，请记录数据。退出程序或关闭仪器后测量数据将消失。确保已从样品池中取出所有比色皿，清洗干净以便下次使用。按 SHIFT/RETURN 键直至返回到仪器主菜单界面后再关闭仪器电源。

第二节　分光光度法实验

实验二十七　邻二氮菲分光光度法测定铁

一、实验目的

(1)了解 721 分光光度计或 T6 新悦可分光光度计。

(2)掌握分光光度法测定铁的条件及方案的拟定方法。

二、实验原理

测定微量铁的显示剂很多，其中以邻氮菲测定 Fe^{2+} 为最好。该方法灵敏度高，准确度高，重现性好。Fe^{2+} 与邻二氮菲在 pH 为 2～9 的溶液中，生成水溶性的橙红色配合物

$[(C_{12}H_8N_2)_3Fe]^{2+}$，该配合物在水溶液中是非常稳定的，它的 $\lg K_{稳}=21.3$（20℃），摩尔吸光系数 $\varepsilon_{510}=1.1\times10^4$。反应式如下：

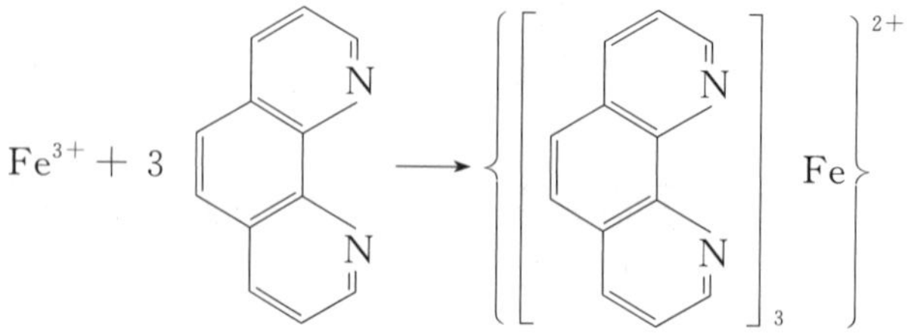

在显色前，首先用盐酸羟胺把 Fe^{3+} 还原为 Fe^{2+}，其反应式如下：

$$4Fe^{2+} + 2NH_2OH\cdot HCl = 4Fe^{2+} + N_2O + H_2O + 6H^+ + 2Cl^-$$

测定时，控制溶液酸度为 pH 2～9 较为适宜。酸度高时，反应较慢；酸度太低，则 Fe^{2+} 水解，影响显色。

用分光光度法测定物质的含量，一般采用标准曲线法，即配制一系列标准溶液，在实验条件下依次测量各标准溶液的吸光度（A），以溶液的浓度为横坐标，相应的吸光度为纵坐标，绘制标准曲线。同样实验条件下，测定待测溶液的吸光度，根据测得吸光度值从标准曲线上查出相应的浓度值，即可计算试样中被测物质的浓度。

三、主要仪器和试剂

1. 仪器

721 型或 T6 新悦分光光度计、1 cm 比色皿一套、50 mL 容量瓶、吸量管（1 mL、2 mL、5 mL、10 mL）。

2. 试剂

(1)标准铁溶液（10^{-3} mol·L^{-1}） 准确称取 0.482 2 g $NH_4Fe(SO_4)_2\cdot12H_2O$，置于烧杯中，加入 80 mL 6 mol·L^{-1} HCl 和少量水，溶解后，转移至 1 L 容量瓶中，以水稀释至刻度，摇匀，供条件实验用。

(2)标准铁溶液（100 μg· mL^{-1}） 准确称取 0.863 4 g $NH_4Fe(SO_4)_2\cdot12H_2O$，置于烧杯中，加入 6 mol·L^{-1} HCl 80 mL 和少量水溶解后，转移至 1 L 容量瓶中，以水稀释至刻度，摇匀，供制作标准曲线用。

(3)邻二氮菲（0.15%，1.0×10^{-3} mol·L^{-1}）。

(4)10 %盐酸羟胺水溶液（避光保存，溶液颜色变暗时即不能使用）。

(5)1 mol·L^{-1} NaAc 溶液。

(6)1 mol·L^{-1} NaOH。

(7)6 mol·L^{-1} HCl。

四、实验步骤

1. 条件试验

(1)吸收曲线的制作 用吸量管吸取 0.0 mL、1.0 mL 和 2.0 mL 10^{-3} mol·L^{-1} 标准铁

溶液分别放入3只50 mL容量瓶，加入1.0 mL10%盐酸羟胺溶液，摇匀，加入2.0 mL 0.15%邻二氮菲溶液，5 mL 1 mol·L^{-1}NaAc溶液，以水稀释至刻度，摇匀。在光度计上用1 cm比色皿，采用试剂溶液为参比溶液，在440～560 nm间，每隔一定波长测一次吸光度。以波长为横坐标，吸光度为纵坐标，绘制吸收曲线，从而选择测量铁的适宜波长λ_{max}。

(2)显色剂浓度的影响　7只50 mL容量瓶，各加入2 mL 10^{-3} mol·L^{-1}标准铁溶液和1 mL 10%盐酸羟胺溶液，摇匀，分别加入0.10 mL、0.30 mL、0.50 mL、0.80 mL、1.0 mL、2.0 mL及4.0 mL0.15%邻二氮菲溶液，然后加入5 mL 1mol·L^{-1}NaAc溶液，以水稀释到刻度，摇匀。在光度计上，用1 cm比色皿，以吸收曲线所选定的波长为测量波长，以蒸馏水或各自的试剂溶液为参比，测定各溶液的吸光度。以邻二氮菲体积为横坐标，吸光度为纵标，绘制吸光度-显色剂用量曲线，从而确定测定过程中应加入显色剂的体积。

(3)有色溶液的稳定性　在50 mL容量瓶中，加2 mL 10^{-3} mol·L^{-1}标准铁溶液，1 mL 10%盐酸羟胺溶液，2 mL 0.15%邻二氮菲溶液，5 mL1 mol·L^{-1}NaAc溶液，以水稀释至刻度，摇匀。立刻在所选择的波长下，用1 cm比色皿，以试剂溶液作参比，测定吸光度。然后放置5 min、10 min、30 min、1 h、2 h、3 h测定相应的吸光度。以时间为横坐标，吸光度为纵坐标，绘出吸光度—时间曲线，从曲线观察配合物的稳定性。

(4)溶液pH值的影响　取7只50 mL容量瓶，各加入2 mL 10^{-3} mol·L^{-1}标准铁溶液，1 mL 10%盐酸羟胺溶液，摇匀，再加入2 mL 0.15%邻二氮菲溶液，摇匀，用吸量管分别加入0.0 mL、0.2 mL、0.5 mL、1.0 mL、1.5 mL、2.0 mL、3.0 mL 1 mol·L^{-1}NaOH溶液，以水稀释至刻度，摇匀。用pH计或精密pH试纸测定各溶液的pH。然后在所选择的波长下，用1 cm比色皿，以蒸馏水或各自相应的试剂溶液为参比，测定吸光度。以pH为横坐标，吸光度为纵坐标，绘出吸光度一pH曲线，找出测定铁的适宜pH范围。

(5)标准曲线的制作　用移液管吸取100 μg· mL^{-1}标准铁溶液10.0 mL于100 mL容量瓶中，加入2 mL 6 mol·L^{-1} HCl，以水稀释至刻度，摇匀。此溶液的浓度为10 μg· mL^{-1}。

在6只50 mL容量瓶中，分别用吸量管加入0.00 mL、2.00 mL、4.00 mL、6.00 mL、8.00 mL、10.00 mL10 μg· mL^{-1}标准铁溶液，冲洗瓶口，再分别加入1 mL10%盐酸羟胺溶液，摇匀，稍放置后，各加入2 mL0.15%邻二氮菲溶液和5 mL 1 mol·L^{-1}NaAc溶液，以水稀释至刻度，摇匀。在所选择的最大吸收波长下，用1 cm比色皿，以试剂溶液为参比，测定各溶液的吸光度。以铁的浓度为横坐标，吸光度为纵坐标，绘制标准曲线。

由标准曲线的斜率求出邻二氮菲-Fe^{2+}配合物的摩尔吸光系数ε。

2.配合物组成的测定-摩尔比法

取8只50 mL容量瓶，各加入1 mL 10^{-3} mol·L^{-1}标准铁溶液，1 mL 10%盐酸羟胺溶液，依次加入1.0×10^{-3} mol·L^{-1}邻二氮菲溶液1.0 mL、1.5 mL、2.0 mL、2.5 mL、3.0 mL、3.5 mL、4.0 mL、4.5 mL，然后各加5 mL 1 mol·L^{-1}NaAc溶液，用水稀释至刻度，摇匀。在所选用的波长下，用1 cm比色皿，以蒸馏水或各自的试剂溶液为参比，测定各溶液的吸光度，以吸光度与c_R/c_M作图，根据曲线上前后两部分延长线的交点位置，确定反应的配合比。

3.未知液中铁含量的测定

用移液管吸取10 mL未知液，按标准曲线的步骤，测定吸光度。从标准曲线求出试样的含铁量(以μg· mL^{-1}表示)。

五、数据记录及处理

1. 记录

分光光度计型号__________ 比色皿__________

(1)吸收曲线的制作

标准溶液 \ 波长/nm 吸光度	440	460	480	490	500	505	510	515	520	530	540	560
1.0 mL 10^{-3} mol·L^{-1} 标准铁溶液												
2.0 mL 10^{-3} mol·L^{-1} 标准铁溶液												

绘出吸收曲线，从曲线上找出最大吸收波长(λ_{max})。

(2)显色剂浓度的影响

项目	容量瓶号						
	1	2	3	4	5	6	7
显色剂量/mL							
吸光度(A)							

(3)邻二氮菲-Fe^{2+}配合物的稳定性

项目	容量瓶号					
	1	2	3	4	5	6
放置时间/min						
吸光度(A)						

(4)溶液 pH 的影响

项目	容量瓶号						
	1	2	3	4	5	6	7
1 mol·L^{-1} NaOH 加入体积/mL							
pH							
吸光度(A)							

(5)标准曲线的制作与未知液铁含量的测定

项目	容量瓶号						
	1	2	3	4	5	6	未知液
10 $\mu g \cdot mL^{-1}$ 标准铁溶液加入体积/mL							
铁含量/($\mu g \cdot mL^{-1}$)							
吸光度(A)							

根据标准曲线的斜率求邻二氮菲-Fe^{2+}配合物的摩尔吸光系数ε,并求出未知液中铁含量。

(6)邻二氮菲与铁的摩尔比测定

项目	容量瓶号							
	1	2	3	4	5	6	7	8
邻二氮菲加入体积/mL	1.0	1.5	2.0	2.5	3.0	3.5	4.0	4.5
摩尔比 c_R/c_M								
吸光度(A)								

2.绘制以下曲线

①吸收曲线;②A-c 曲线;③A-t 曲线;④A-pH 曲线;⑤标准曲线;⑥A-摩尔比曲线。(注:A-c 曲线中的“c”指显色剂浓度)。

3.对各项测定结果进行分析并作出结论

如吸收曲线绘制:邻二氮菲配合物在 510 nm 处吸光度最大,因此测定铁时宜选用的波长为 510 nm。

注意:制作吸收曲线时,在最大吸收附近,最好每隔 5 nm 测定一次吸光度 A。

六、思考题

(1)邻二氮菲分光光度法测定微量铁时,加盐酸羟胺,NaAc 和邻二氮菲的作用是什么?加入的次序是否可前后改变?

(2)本实验中,用吸量管吸取各种试剂时,哪些试剂的体积必须准确量取?

(3)试对所做的条件试验进行讨论,并选择适宜的测定条件。

实验二十八　食品中 NO_2^- 含量的测定

一、实验目的

(1)掌握亚硝酸盐含量的测定方法。

(2)熟悉 721 型、T6 新悦分光光度计的构造及使用方法。

二、实验原理

亚硝酸盐作为一种食品添加剂，能够保持腌肉制品的色香味，并具有一定的防腐性，但同时也具有较强的致癌作用，过量食用会对人体产生危害。因此，食品加工中需严格控制亚硝酸盐的加入量。

在弱酸性溶液中亚硝酸盐与对氨基苯磺酸发生重氮反应，生成的重氮化合物与盐酸萘乙二胺偶联成紫红色的偶氮染料，可用分光光度法测定，有关反应如下：

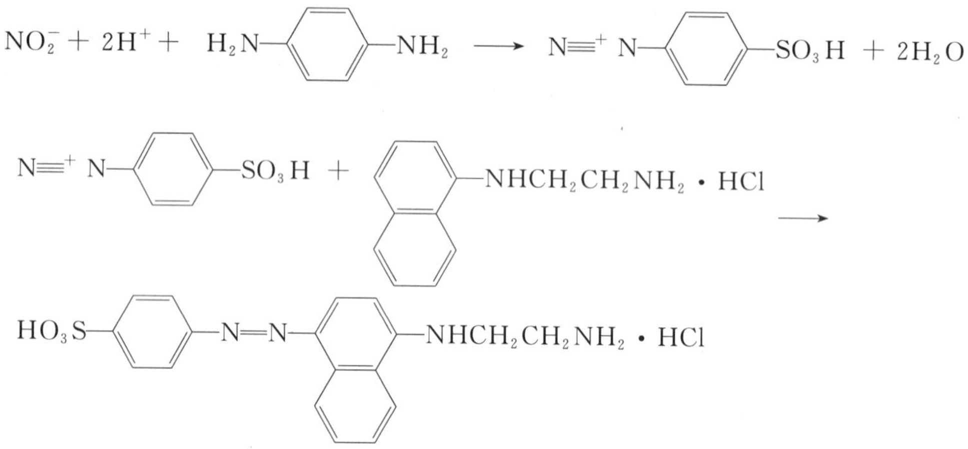

三、主要仪器和试剂

1. 仪器

721 型分光光度计、小型多用食品粉碎机。

2. 试剂

(1)饱和硼砂溶液　称取 25 克硼砂溶于 500 mL 热水中。

(2)1.0 mol·L^{-1}硫酸锌溶液　称取 150 g $ZnSO_4 \cdot 7H_2O$ 150 g 溶于 500 mL 水中。

(3)150 g·L^{-1}亚铁氰化钾水溶液。

(4)4 g·L^{-1}对氨基苯磺酸溶液　称取 0.4 g 对氨基苯磺酸溶于 200 g·L^{-1}盐酸中配成 100 mL 溶液，避光保存。

(5)2 g·L^{-1}盐酸萘乙二胺溶液　称取 2 g 盐酸萘乙二胺溶于 100 mL 水中，避光保存。

(6)$NaNO_2$ 标准溶液　准确称取 0.100 0 g 干燥 24 h 的分析纯 $NaNO_2$，用水溶解后定量转入 500 mL 容量瓶中，加水稀释至刻度并摇匀。临用时准确移取上述贮备液(0.2 g·L^{-1}) 5.0 mL 于 100 mL 容量瓶中，加水稀释至刻度，摇匀，作为操作液(10 μg· mL^{-1})。

(7)活性炭。

四、实验步骤

1. 样品预处理

(1)肉制品(如香肠)　称取 5 g 经搅碎均匀的试样置于 50 mL 烧杯中，加入 12.5 mL 硼砂饱和溶液搅拌均匀，然后用 150～200 mL 70℃以下的热水将烧杯中的试样全部转入 250 mL 容量瓶中，并置于沸水浴中加热 15 min，取出。在轻轻摇动下滴加 2.5 mL $ZnSO_4$ 溶液以沉淀蛋白质。冷却至室温后加水稀释至刻度，摇匀。放置 10 min，撇去上层脂肪，清液用滤纸或脱脂棉过滤，弃去最初 10 mL 溶液，测定用滤液应为无色透明。

(2)水果、蔬菜罐头　将罐头开启，内容物全部转至搪瓷盘中，切成小块混合均匀，用四分法取出 200 g。将试样置于食品粉碎机的大杯内加水 20 mL，捣碎成匀浆后全部移入 500 mL 烧杯备用。称取匀浆 40g 于 50 mL 烧杯中，用 150 mL 70℃以上的热水分 4～5 次将其全部洗入 250 mL 容量瓶中，加入 6 mL 饱和硼砂溶液并摇匀。再加入 2 g 经处理的活性炭，摇匀。然后加入 2 mL $ZnSO_4$ 溶液和 2 mL 亚铁氰化钾溶液，振摇 3～5 min，再加水稀释至刻度，摇匀后用滤纸过滤，弃去最初的 10 mL 滤液，承接其后滤液 50 mL 左右用于测定。

2.测定

(1)标准曲线的绘制　准确移取 $NaNO_2$ 操作液($10\ \mu g \cdot mL^{-1}$) 0.0 mL、0.4 mL、0.8 mL、1.2 mL、1.6 mL、2.0 mL 分别置于 50 mL 容量瓶中，各加水 30 mL，然后分别加入 2 mL 对氨基苯磺酸溶液摇匀。静置 3 min 后，再分别加入盐酸萘乙二胺溶液 1 mL，加水稀释至刻度，摇匀。放置 15 min，用 2 cm 吸收池，以试剂空白为参比，于波长 540 nm 处测定各试液的吸光度，以 $NaNO_2$ 溶液的加入量为横坐标，相应的吸光度为纵坐标，绘制标准曲线。

(2)试样的测定　准确移取经过处理的试样滤液 40 mL 于 50 mL 容量瓶中，按制作标准曲线的步骤，测定吸光度，从标准曲线上查出相应的 $NaNO_2$ 的质量，最后计算试样中 $NaNO_2$ 的质量分数(以 $mg \cdot kg^{-1}$ 表示)。

五、思考题

(1)亚硝酸盐作为一种食品添加剂，具有哪些特点？你能否找到一种优于亚硝酸盐的替代品？

(2)承接滤液时，为什么要弃去最初的 10 mL 滤液？

实验二十九　铬天青S分光光度法测定微量铝

一、实验目的

(1)熟悉分光光度计的构造和使用方法。

(2)掌握分光光度法测定微量铝的原理。

二、实验原理

光度法测定铝常用铬天青 S 作显色剂，其结构简式如下：

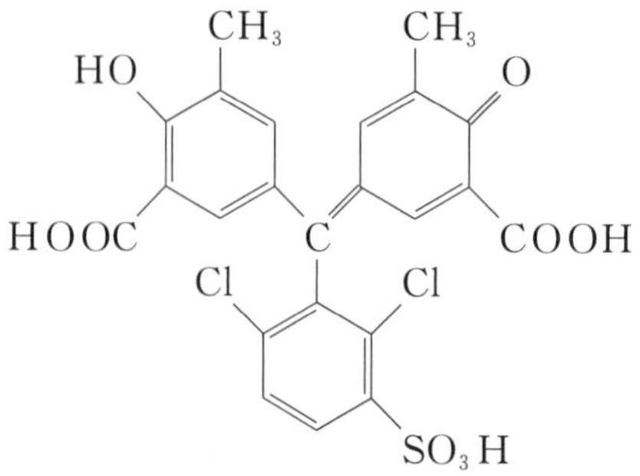

Al^{3+}和铬天青S在弱酸性溶液中生成红色的二元络合物，最大吸收波长$\lambda_{max}=545$ nm，摩尔吸光系数$\varepsilon=4\times10^4$ L•mol^{-1}•cm^{-1}。Al^{3+}与铬天青S反应时，若加入含有长碳键的有机表面活性剂，如溴化十六烷基三甲基铵(CTAB)，则可形成三元络合物，其最大吸收波长向长波方向移动(红移)，摩尔吸收系数增大2～3倍，测定灵敏度显著提高。

本实验通过绘制Al^{3+}-CAS二元络合物及Al^{3+}-CAS-CTAB三元络合物的吸收曲线，比较两者的摩尔吸收系数及红移的波长值，并进行微量铝的测定。(注："CAS"为铬天青S的简写)

三、主要仪器和试剂

1. 仪器

721或T6新悦分光光度计。

2. 试剂

(1)0.1 g•L^{-1}铝标准贮备液　准确称取[$KAl(SO_4)_2\cdot12H_2O$]1.758 g于小烧杯中，加入2 mL 6 mol•L^{-1} HCl溶液和少量水溶解后，定量转移至1 L容量瓶中，以水稀释至刻度，摇匀。

(2)铝标准溶液(含铝2 μg• mL^{-1})　取上述铝标准贮备液20.00 mL于1 L容量瓶中，以水稀释至刻度摇匀。

(3)0.5 g•L^{-1}铬天青S　用1∶1乙醇溶液配制。

(4)0.4 g•L^{-1}溴化十六烷基三甲基铵水溶液。

(5)HAc-NH_4Ac缓冲溶液(pH=6.3)。

(6)1∶3HCl溶液。

四、实验步骤

1. Al^{3+}-CAS二元络合物吸收曲线的测绘

在2只50 mL容量瓶中分别加入0.0 mL、5.0 mL 2 μg• mL^{-1}的Al^{3+}标准溶液，2 mL铬天青S溶液，6滴1∶3HCl溶液，5 mL pH=6.3的HAc-NH_4Ac缓冲溶液，以水稀释至刻度，摇匀。用1 cm比色皿，以试剂空白溶液为参比，在500～620nm范围内，每隔20 nm

测定一次溶液的吸光度(在吸收峰附近多测几点)。以波长为横坐标,以吸光度为纵坐标,绘制吸收曲线,确定最大吸收波长 λ_{max},并计算摩尔吸收系数 ε。

2. Al^{3+}-CAS-CTAB 三元络合物吸收曲线的测绘

在 2 只 50 mL 容量瓶中,分别加入 0.0 mL、5.0 mL 2 μg· mL^{-1} 的 Al^{3+} 标准溶液,2 mL 铬天青 S 溶液,5.0 mL pH=6.3 HAc-NH_4Ac 缓冲溶液和 5 mL 0.4 g·L^{-1} 溴化十六烷基三甲基铵(CTAB)溶液,以试剂空白溶液为参比,用 1 cm 吸收池,在 500~620 nm 波长范围内,每隔 20 nm 测定一次溶液的吸光度(吸收峰附近可多测几点),以波长为横坐标,吸光度为纵坐标,绘吸收曲线,确定最大吸收波长 λ_{max} 并计算摩尔吸收系数 ε。与二元络合物的 λ_{max} 及ε 值比较,求出红移的波长值并加以讨论。

3. Al^{3+}-CAS-CTAB 三元络合物标准曲线的测绘

在 6 只 50 mL 容量瓶中,分别加入 0.0 mL、1.0 mL、2.0 mL、3.0 mL、4.0 mL、5.0 mL 2 μg· mL^{-1} 的 Al^{3+} 标准溶液,各加入 2 mL 铬天青 S 溶液,5 mL pH=6.3 HAc-NH_4Ac 缓冲溶液,5 mL 0.4 g·L^{-1} 的溴化十六烷基三甲基铵(CTAB)溶液,用 1 cm 比色皿,以试剂空白溶液为参比,在选定波长下,测定各溶液的吸光度并绘制标准曲线。

4. 试样中微量铝含量的测定

移取 5 mL 待测试样溶液于 50 mL 容量瓶中,以下操作同 3。在选定波长下,测定溶液的吸光度,并利用标准曲线计算试样中 Al 的质量浓度。

五、思考题

(1) Al^{3+}-CAS-CTAB 三元络合物具有哪些特点?

(2)为什么应用形成 Al^{3+}-CAS-CTAB 三元络合物进行铝含量测定灵敏度比较高?如何计算吸光物质的摩尔吸收系数 ε?

实验三十 自拟方案实验

一、实验内容

(1)土壤中磷的测定。

(2)水中铬(Ⅵ)的测定。

(3)食品添加剂山梨酸的测定。

二、实验要求

(1)确定分析方法,写出较详细的实验方案,方案的内容包括分析方法及简要原理,所用仪器和试剂,具体实验步骤,实验结果的计算公式及参考资料。

(2)切实按所拟定的实验方案认真地进行实验,做好实验数据的处理。实验结束后,根据实验记录进行整理，写出实验报告。在实验报告中应对所设计的实验方案和实验结果进行评价，并对实验中的现象和问题进行讨论。

二维码 13　邻二氮菲分光光度法测铁实验视频

二维码 14　分光光度计使用视频

Chapter 10 第10章

电位分析法

第一节　ZD-2 型自动电位滴定仪

一、仪器的结构

ZD-2 型自动电位滴定仪是由 ZD-2 型电位滴定计和 JB-1 型滴定装置组成。ZD-2 型电位滴定计的面板功能如图 10-1 和图 10-2 所示。

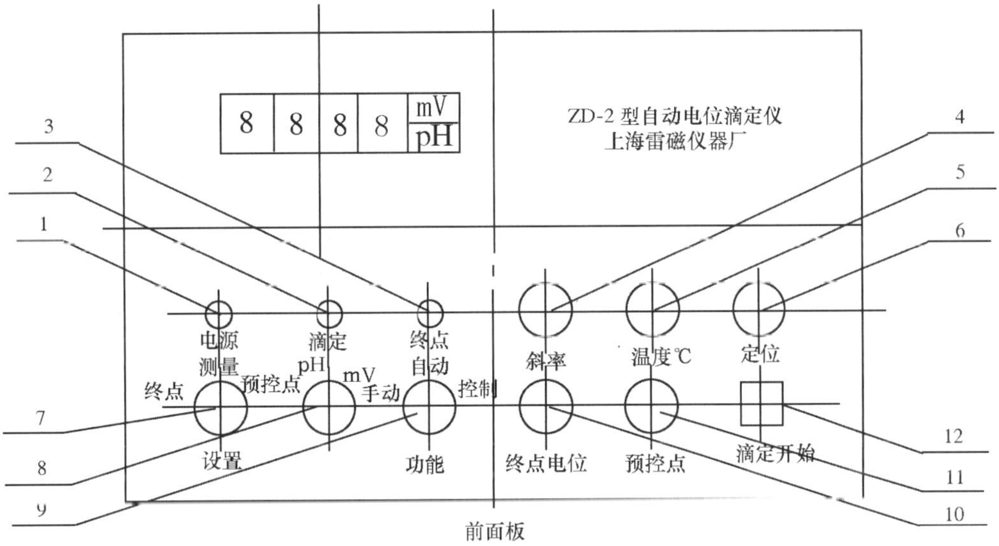

图 10-1　ZD-2 型自动电位仪的前面板

1. 电源指示灯；2. 滴定指示灯；3. 终点指示灯；4. 斜率补偿调节旋钮；5. 温度补偿调节旋钮；6. 定位调节旋钮；7. “设置”选择开关；8. “pH/MV”选择开关；9. “功能”选择开关；10. “终点电位”调节旋钮；11. “预控点”调节旋钮；12. “滴定开始”按钮。

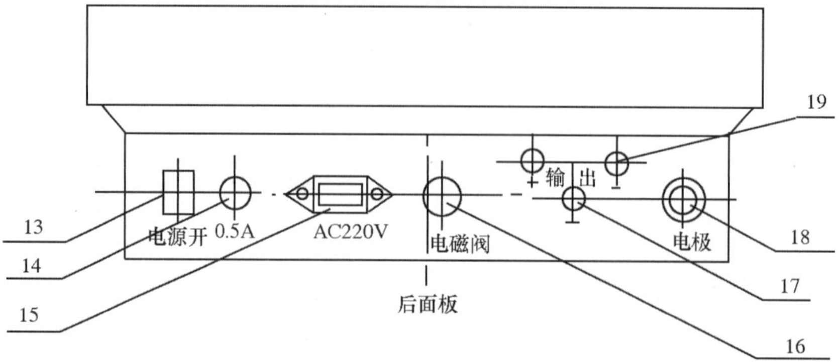

图 10-2　ZD-2 型自动电位滴定仪的后面板

13. 电源开关；14. 保险丝座；15. 电源插座；16. 电磁阀接口；
17. 接地接线柱，可接参比电极；18. 电极插口；19. 记录仪输出。

其中：

(1)电源指示灯　打开电源，指示灯亮

(2)滴定指示灯　开始滴定后，此指示灯闪亮。

(3)终点指示灯　用于指示滴定是否结束，打开电源，此指示灯亮，开始滴定后，此指示灯熄灭，滴定结束后，此指示灯亮。

(4)斜率补偿调节旋钮　pH 标定时使用。

(5)温度补偿调节旋钮　pH 标定及测量时使用。

(6)定位调节旋钮　pH 标定时使用。

(7)“设置”选择开关　此开关置“终点”时，可进行终点 mV 值或 pH 设定；此开关置“测量”时，进行 mV 或 pH 测量；此开关置“预控点时”，可进行 pH 或 mV 的预控点设置。如设置预控点为 100 mV，仪器将在离终点 100 mV 时自动从快滴转为慢滴。

(8)“pH/Mv”选择开关　此开关置于“pH”时，根据“设置”开关的位置，进行 pH 测量或 pH 终点设定或 pH 预控点设置。此开关置于“mV”时，可进行 mV 测量或 mV 终点设置或预控点设置。

(9)“功能”选择开关　此开关置于“手动”时，进行手动滴定；置“自动”时，进行预设终点滴定，到终点后，滴定终止，滴定灯亮；此开关置于“控制”时，进行 pH 或 mV 控制测定，到达终点 pH 或 mV 值后，仪器仍处于准备滴定状态，滴定灯始终不亮。

(10)“终点电位”调节旋钮　用于设置终点电位或 pH。

(11)“预控点”调节旋钮　用于设置预控点 mV 和 pH，其大小取决于化学反应的性质，即滴定突跃的大小。一般强酸强碱中和滴定，沉淀滴定和氧化还原滴定可选择预控点值小一些，弱酸弱碱的滴定需选择中间预控点值或大预控点值。

(12)“滴定开始”按钮　“功能”开关置于“自动”或“控制”时，按一下此按钮，滴定开始。“功能”开关置于“手动”时，按一下此按钮，滴定进行，放开此按钮，滴定终止。

(13)电源开关。

(14)保险丝座。

(15)电源插座。

(16)电磁阀接口。

(17)接地接线柱,可接参比电极。

(18)电极插口。

(19)记录仪输出 供(0～1) V 记录仪使用。

二、仪器的使用方法

1. 准备工作(滴定装置安装)

滴定装置安装在 JB-1 搅拌器上。见图 10-3。

安装步骤如下:

(1)将序号 10 的滴管架放在搅拌器 1 的安装螺纹上。

(2)将夹芯 13、夹套 12 的孔对齐,穿过序号 10 的滴管架,调节到合适位置,旋紧螺帽 11 固定之。

(3)将电磁阀 3 末端插入夹芯 13,旋紧支头螺钉 14 固定之。

(4)将滴管夹 6 安装在序号 9 的滴管架上,调节至合适位置,旋紧滴管架固定螺丝 8 固定之。

(5)将滴定管 7 夹在滴管架 6 上,将电磁阀上方的橡皮管套入滴定管 7 末端。

(6)将电极夹 2 安装在序号 9 滴管架的下端。装上电极及毛细管,将电磁阀下方的橡皮管套入毛细管。电极毛细管安装见图 10-4。

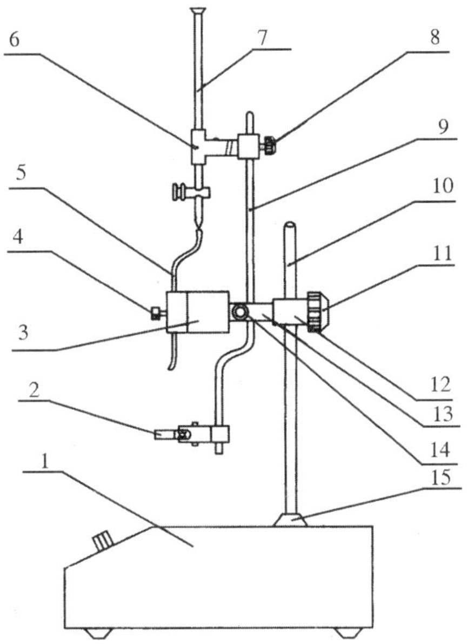

图 10-3 滴定管装置安装示意图

1. 搅拌器;2. 电极夹;3. 电磁阀;4. 电磁阀螺丝;5. 橡皮管;6. 滴管夹;7. 滴定管;8. 滴定夹固定螺丝;9. 弯式滴管架(二);10. 管状滴管架(一);11. 螺帽;12. 夹套;13. 夹芯;14. 支头螺钉;15. 安装螺纹。

(7)将电极插头插入图 10-2 仪器后面板上的电极插口 18。如果所用电极分别为测量电极和参比电极,则通过所配的电极插口转换器(图 10-5)与之相连。具体方法如下:将转换器插头 1 插入仪器电极插口;测量电极插头插入转换器 2 处,参比电极插头插入图 10-2 仪器后面板接线柱 17 处。

(8)将电磁阀插头插入图 10-2 仪器后面板电磁阀口 16。

2. mV 测量

(1)"设置"开关置"测量","pV/mV"选择开关置"mV"。

(2)将电极插入被测溶液中,将溶液搅拌均匀后,即可读取电极电位(mV)值。

(3)如果被测信号超出仪器的测量范围,显示屏会不亮,作超载报警。

3. pH 标定及测量

(1)标定 仪器在进行 pH 测量之前,先要标定。一般来说,仪器在连续使用时,每天要标定一次。其步骤如下:

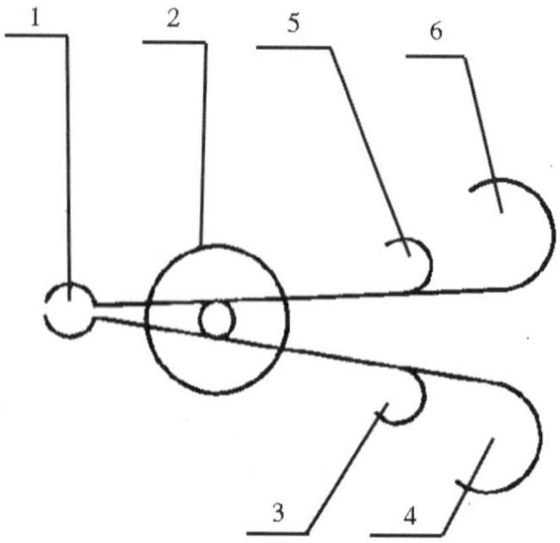

图 10-4　电极毛细管安装

1. 电极杆夹口；2. 弹簧圈；3. 温度计夹口；4. 甘汞（参比）电极夹口；5. 滴液管（玻璃毛细管）夹口；6. 玻璃（pH、pNa）电极夹口。

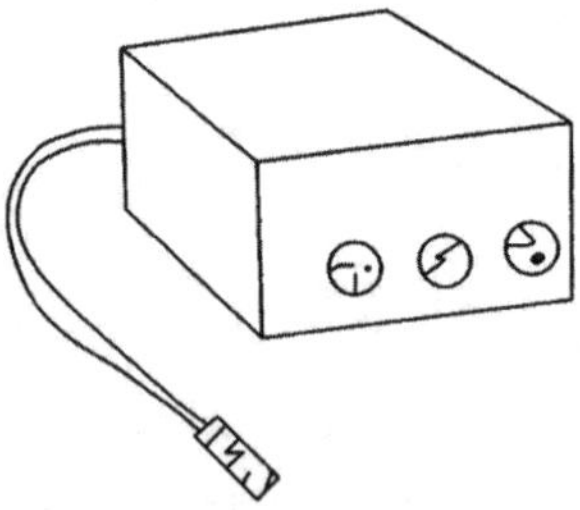

图 10-5　电极插口转换器

①"设置"开关置"测量"，"pH/ mV"开关置"pH"；

②调节"温度"旋钮，使旋钮白线指向对应的溶液温度值；

③将"斜率"旋钮顺时针旋到底（100%）；

④将清洗过的电极插入 pH 为 6.86 的缓冲溶液中；

⑤调节"定位"旋钮，使仪器显示读数与该缓冲溶液当时温度下的 pH 相一致；

⑥用蒸馏水冲洗电极，再插入 pH 为 4.00（或 pH 为 9.18）的标准缓冲溶液中，调节斜率旋钮使仪器显示读数与该缓冲溶液当时温度下的 pH 相一致；

⑦重复⑤～⑥直至不再调节"定位"或"斜率"调节旋钮为止，至此，仪器完成标定。标定结束后，"定位"和"斜率"旋钮不应再动，直至下一次标定。

（2）pH 测量　经标定过的仪器即可用来测量 pH，其步骤如下：

①"设置"开关置"测量"，"pH/mV"开关置"pH"；

②用蒸馏水清洗电极头部，再用被测溶液清洗一次；

③用温度计测出被测溶液的温度值；

④调节"温度"旋钮，使旋钮白线指向对应的溶液温度值；

⑤电极插入被测溶液中，搅拌溶液使溶液均匀后，读取该溶液的 pH。

4. 电位、pH 手动滴定

（1）安装好滴定装置，在烧杯中放入搅拌棒，并将烧杯放在 JB-1 搅拌器上。

（2）"功能"开关置"手动"，"pH/mV" 开关置"mV"或"pH"，"设置"开关置"测量"。

（3）按下"滴定开始"开关，滴定灯亮，此时滴液滴下，控制按下此开关的时间，即控制滴液滴下的数量，放开此开关，则停止滴定。

（4）每加入一定体积的标准溶液，记录一次 V-mV 或 V-pH，直到超过化学计量点为止。

5. 电位自动滴定

（1）终点设定　"设置"开关置"终点"，"pH/mV" 开关置"mV"，"功能"开关置"自动"，调节"终点电位"旋钮，使显示屏显示所要设定的终点电位值。终点电位选定后，"终点电位"

旋钮不可再动。

(2)预控点设定　预控点的作用是当离开终点较远时,滴定速度很快,当到达预控点后,滴定速度很慢。设定预控点就是设定预控点到终点的距离,其步骤如下:

"设置"开关置"预控点",调节"预控点"旋钮,使显示屏显示所要设定的预控点数值。例如:设定预控点为 100 mV,仪器将在离终点 100 mV 处转为慢滴。预控点选定后,"预控点"调节旋钮不可再动。

(3)终点电位和预控点电位设定好后,将"设置"开关置"测量",打开搅拌器电源,调节转速使搅拌从慢逐渐加快至适当转速。

(4)按一下"滴定开始"按钮,仪器即开始滴定,滴定灯闪亮,滴液快速滴下,在接近终点时,滴速减慢,到达终点后,滴定灯不再闪亮,过 10 s 左右,终点灯亮,滴定结束。(注意:到达终点后,不可再按"滴定开始"按钮,否则仪器将认为另一极性相反的滴定开始,而继续进行滴定)。

(5)记录滴定管内滴液的消耗量。

6. 电位控制滴定

"功能"开关置"控制",其余操作同第 5 条。在到达终点后,滴定灯不再闪亮,但终点灯始终不亮,仪器始终处于预备滴定状态,同样,到达终点后,不可再按"滴定开始"按钮。

7. pH 自动滴定

(1)按本节"3. pH 标定及测量"第(1)步进行标定。

(2)pH 终点设定　"设置"开关置"终点","功能"开关置"自动","pH/mV"开关置"pH",调节"终点电位"旋钮,使显示屏显示所要设定的终点 pH。

(3)预控点设置　"设置"开关置"预控点",调节"预控点"旋钮,使显示屏显示所要设置的预控点 pH。例如,所要设置的预控点为 2pH,仪器将在离终点 2pH 左右处自动快滴转为慢滴。其余操作同本节"5. 电位自动滴定"第(3)~(5)步。

8. pH 控制滴定(恒 pH 滴定)"

功能"开关置"控制",其余操作同第"7. pH 自动滴定"。

三、注意事项

(1)仪器的输入端(电极插座)必须保持干燥、清洁。仪器不用时,将短路插头插入插座,防止灰尘及水汽侵入。

(2)测量时,电极的引入导线应保持静止,否则会引起测量不稳定。

(3)用缓冲溶液标定仪器时,要保证缓冲溶液的可靠性,不能配错缓冲溶液,否则将导致测量不准。

(4)取下电极套后,应避免电极的敏感玻璃泡与硬物接触。因为任何破损或擦毛都将使电极失效。

(5)复合电极的外参比(或甘汞电极)应经常注意有饱和氯化钾溶液,补充液可以从电极上端小孔加入。

(6)电极应避免长期浸在蒸馏水、蛋白质溶液和酸性氟化物溶液中。

(7)电极应避免与有机硅油接触。

(8)滴定前最好先用标准溶液(滴定剂)将电磁阀橡皮管冲洗数次。
(9)到达终点后,不可以按“滴定开始”按钮,否则仪器又将开始滴定。
(10)与橡皮管起作用的高锰酸钾等溶液,勿使用。

第二节 电位分析法实验

实验三十一 电位法测量水溶液的 pH

一、实验目的

学会用直接电位法测量溶液 pH 的方法。

二、实验原理

在日常生活和工农业生产中,所用的水质有一定的标准,pH 的测定是检验项目之一。一般比较精确的测量是直接电位法。用该法测量除在 pH 较高时玻璃电极有钠误差以外,它不受色度、浊度、高盐量、游离氯、胶体、氧化剂和还原剂的影响,准确度较高。

电位法测量 pH 是以玻璃电极和饱和甘汞电极组成的测量电池浸在溶液中,用温度计和 ZD-2 型自动电位滴定仪测量。

三、主要仪器和试剂

1. 仪器

ZD-2 型自动电位滴定仪、玻璃电极和饱和甘汞电极、铁芯搅拌棒数个、50 mL 烧杯。

2. 试剂

pH 为 4.00 或(pH 为 9.18)的标准缓冲溶液,pH 为 6.68 的标准缓冲溶液,自来水样和去离子水。

四、实验步骤

仪器安装连接好后,插上电源线,电源指示灯亮。经 15 min 后再使用。
(1)pH 标定:参照本章第一节“仪器使用方法”中的“pH 标定”进行仪器的 pH 标定。
(2)pH 测量:参照本章第一节中的“pH 测量”测自来水样的 pH 和去离子水的 pH。
(3)测量完毕,切断电源,冲洗电极。

五、思考题

(1)用直接电位法测量溶液 pH 时,为什么必须要使用标准缓冲溶液?
(2)测量溶液的 pH 时,为什么要用温度补偿器调节仪器指示的温度与待测试液的温度相同?

(3)玻璃电极在使用前要在蒸馏水中浸泡 24 h,目的是什么?

实验三十二　水中微量氟的测定(离子选择电极法)

一、实验目的

(1)学会用直接电位法测定溶液中离子含量的原理和方法。

(2)了解离子选择电极的性能、使用条件及注意事项。

(3)熟悉 ZD-2 型自动电位滴定仪的操作。

二、实验原理

氟广泛存在于自然水体中,水中氟含量的高低对人体健康有一定影响。氟的含量太低易得龋齿,过高则会发生氟中毒现象。饮用水中氟的含量的适宜范围为 0.5～1.5 $mg\cdot L^{-1}$。

水中氟的测定有比色法和电位法,前者的测量范围较宽,但干扰因素多,往往要对试样进行预处理。后者的测量虽不如前者宽,但已能满足水质分析的要求,而且操作简便,干扰因素少,不必进行预处理。因此,电位法正在逐步取代比色法,成为测定氟离子的常规分析方法。

本实验用氟离子选择电极测定水中含 F^- 量,是基于含氟量在 1×10^{-6} $mol\cdot L^{-1}$时其电位与 $\lg\alpha_{F^-}$ 呈线性关系,即遵从能斯特公式,即

$$E = E^0 - \frac{2.303RT}{F}\lg\alpha_{F^-}$$

$$= E^0 - \frac{2.303RT}{F}\lg\gamma\cdot c \qquad (c\text{ 为物质的量浓度})$$

当溶液中离子强度一定时,活度系数 γ 为常数,上式可简化为

$$E = E^0 \quad \frac{2.303RT}{F}\lg\alpha_{F^-}$$

$$= E^0 - 0.0592\lg c_{F^-} \qquad (25℃\text{时})$$

$$= E^0 + 0.0592\text{pF}$$

测定时将氟离子选择电极(作指示电极)与甘汞电极(作参比电极)组成工作电池。电池电动势可用离子计或其他毫伏计,精密酸度计等直接测出。

本实验用标准工作曲线法进行测定,即配制一系列的氟标准溶液,分别测出 $E_{电池}$。然后用 $E_{电池}$ 对 $\lg c_{F^-}$(或 $pF=-\lg c_{F^-}$)作图,可得工作工线。然后在同样条件下测定水样中相应的 $E_{电池}$,则可以在曲线上求得未知液中 F^- 的浓度。

凡能与 F^- 生成稳定配合物或难溶沉淀的元素,如 Al^{3+}、Fe^{3+}、Cu^{2+}、Mg^{2+} 等离子干扰测定,常用柠檬酸、磺基水杨酸、EDTA 等掩蔽之。在酸性溶液中由于 H^+ 与部分 F^- 形成 HF 或 H_2F^-,会降低 F^- 的浓度;在碱性溶液中由于电极材料 LaF_3 薄膜与 OH^- 发生作用,生成 $La(OH)_3$ 沉淀而使 F^- 浓度增加。因此必须控制合适的 pH,才能准确地进行测定。实

验中加入总离子强度调节缓冲液(TISAB),使溶液控制在 F^- 选择电极最适宜测定的 pH=5~6 范围内;并配合掩蔽水样中某些干扰测定的离子;由于溶液离子强度大,可维持活度系数恒定,故能从测定结果直接得出氟离子的浓度。

三、主要仪器和试剂

1. 仪器

ZD-2 型自动电位滴定仪、氟离子选择电极、电磁搅拌器、饱和甘汞电极、容量瓶、吸量管、小烧杯等玻璃仪器。

2. 试剂

(1)氟标准溶液　将分析纯 NaF 于 120℃干燥 2 h,冷却后准确称取 0.2210 g,溶于蒸馏水中,并转入 1 000 mL 容量瓶中,稀释至刻度,混匀,贮于聚乙烯塑料瓶中,得 1.00 L 相当 100 μg· mL^{-1}(即 100 ppm)氟的标准溶液。

(2)总离子强度调节缓冲溶液(TISAB)　将 500 mL 蒸馏水加到 1 000 mL 烧杯中,加入 57 mL 冰醋酸,58 g 氯化钠,12 g 柠檬酸钠($Na_3C_6H_5O_7 \cdot 2H_2O$),搅拌使之溶解,将烧杯放冷水浴中,把 pH 玻璃电极和参比电极插入溶液中,缓慢加入 6 mol·L^{-1} NaOH(约 125 mL)直到 pH 在 5.0~5.5 之间,冷却至室温,转移至 1 L 容量瓶中,稀释至刻度,混匀。

四、实验步骤

1. 样品预处理

(1)水样的采集和保存应使用聚乙烯瓶采集和贮存水样。如果水样中氟化物含量不高、pH 在 7 以上,也可以用硬质玻璃瓶贮存。

(2)如果水样较清洁,可直接进行测定。

(3)对于偏碱或偏酸性污水,应先用 1 mol·L^{-1} HCl 或 1 mol·L^{-1} NaOH 调节 pH 至中性,再进行测定。

(4)如水样污染严重,要进行预蒸馏处理后,再进行测定。

2. 标准系列溶液的配制

用移液管吸取氟标准贮液 10 mL 于 100 mL 容量瓶中,稀释至刻度,摇匀,即得 10.0 μg· mL^{-1}(即 10 ppm)的氟标准溶液。

吸取上述溶液 1.00,2.00,4.00,6.00,8.00 mL 分别加入 5 只 50 mL 容量瓶中,加入 TISAB 液 10 mL,稀释至标线,摇匀,即得 F^- 浓度分别为 0.20 mg·L^{-1},0.40 mg·L^{-1},0.80 mg·L^{-1},1.20 mg·L^{-1},1.40 mg·L^{-1},1.60 mg·L^{-1}的标准系列。

3. 测量

将标准溶液由低浓度到高浓度逐个转入小塑料烧杯中,然后将处理好的氟离子选择电极(见使用说明)及甘汞电极插入溶液中,电磁搅拌 5 min 后,读取平衡电位值,在每次测量(更换溶液)之前,都要用蒸馏水冲洗电极,并用滤纸吸干。

4. 绘制标准工作曲线

作 E(mV)-lgc_{F^-} 图(在半对数纸上更方便),即得标准工作曲线。

5. 水样的测定

吸取含氟水样 25.00 mL(所取体积视浓度而定)于 50 mL 容量瓶中,加入 TISAB 缓冲液 10 mL,加蒸馏水至刻度,混匀。按上述操作同法测定电位,然后在工作曲线上查得氟含量 $\rho(\mathrm{mg \cdot L^{-1}})$。

实验完毕,清洗电极至要求的电位值后保存。

五、数据记录与处理

项目	标准溶液					水样
编号(量瓶)	1	2	3	4	5	6
体积/mL						25.00
浓度/($\mathrm{mg \cdot L^{-1}}$)						
$-\lg c_{F^-}$(或 pF)						
E/mV						

水样中含氟量 F^-($\mathrm{mg \cdot l^{-1}}$,即 ppm)$=\dfrac{\rho \times 50.00}{25.00}$

六、思考题

(1)用工作曲线法测定时,样品的组成应与标准溶液基本相同,这是为什么?

(2)氟离子选择电极在使用时应注意哪些问题?

实验三十三　电位滴定法测定氯离子含量

一、实验目的

(1)掌握电位滴定法的原理和方法。

(2)通过实验学会 ZD-2 型自动电位滴定仪的操作。

二、实验原理

电位滴定法是基于滴定到化学计量点附近时,电位发生突变来确定滴定终点的方法。

本实验是在被测氯离子溶液中插入银电极作指示电极,玻璃电极(或双盐桥甘汞电极)作参比电极,组成工作电池。随着 $AgNO_3$ 标准溶液的加入,产生 AgCl 沉淀,使被测氯离子浓度不断发生变化,因而指示电极的电位也相应地改变。在化学计量点附近离子浓度发生突变,致使电位突变。因此由测量工作电池的电动势变化,就可以确定滴定终点。

本实验利用基准物质 NaCl 标定 $AgNO_3$ 的浓度,并用自动电位滴定法测定氯离子的含量。为避免由于 AgCl 沉淀吸附溶液中的离子(Ag^+ 和 Cl^-)而引起的误差,在试液中加入 $Ba(NO_3)_2$ 以抑制这种吸附作用。

三、主要仪器和试剂

1. 仪器

ZD-2 型自动电位滴定仪、JB-1 型电磁搅拌滴定装置、银电极、玻璃电极或双盐桥参比电极、滴定管(25 mL)、吸量管(10 mL)、移液管(25 mL)、小烧杯、搅拌子、小漏斗。

2. 试剂

0.01 $mol \cdot L^{-1}$ $AgNO_3$ 溶液、0.01 $mol \cdot L^{-1}$ 基准 NaCl 溶液、固体 $Ba(NO_3)_2$、6 $mol \cdot L^{-1}$ HNO_3 溶液。

四、实验步骤

1. 样品预处理

(1)如果水样比较清洁,可取适量水样(氟化物含量不超过 10 mg)置于 100 mL 烧杯中,加硝酸使 pH 为 3～5,进行电位滴定。

(2)污染较小的水样可加硝酸处理。如果水样中含有有机物、氰化物、亚硫酸盐或者其他干扰物,可于 100 mL 水样中加入 1∶1硫酸,使溶液呈酸性,煮沸 5 min 除去挥发物。必要时,再加入适量硫酸使溶液保持酸性,然后加入 3 mL 过氧化氢煮沸 15 min,并经常添加蒸馏水使溶液体积保持在 50 mL 以上。加氢氧化钠溶液使呈碱性,再煮沸 5 min,冷却后过滤,用水洗沉淀和滤纸,洗涤液和滤液定容后供测定用。亦可在煮沸冷却后定容,静置使之沉淀,取上清液进行测定。

2. 0.01 $mol \cdot L^{-1}$ $AgNO_3$ 溶液的标定(手动)

(1)按照本章第一节 ZD-2 型自动电位滴定仪的使用方法,安装好仪器,插入电源线,打开电源开关,电源指示灯亮,预热 15 min。

(2)将 $AgNO_3$ 溶液注入滴定管中(通过小漏斗装入),打开活塞,使 $AgNO_3$ 通过橡皮管调好零点。

(3)吸取基准 NaCl 溶液 10 mL 溶液于 50 mL 烧杯中,用蒸馏水稀释至约 30 mL,加入 3 滴 6 $mol \cdot L^{-1}$ HNO_3 和约 0.5 g $Ba(NO_3)_2$,将搅拌子放在溶液中,然后将玻璃电极(或双盐桥甘汞电极)和银电极浸入溶液(注意:为防止玻璃泡碰破,安装玻璃电极时,其高度应稍高于银电极),将滴定管尖端也插入溶液内。

(4)“功能”开关置“手动”,“设置”开关置“测量”,“pH/mV”,开关置“mV”,此时显示屏所显示的读数即为被测溶液起始电位。开启搅拌开关,调节好搅拌速度,不断按下“滴定开始”开关,溶液即通过电磁阀滴下。滴定开始时每次可以加入 0.5～1 mL $AgNO_3$ 溶液,搅拌约 30 s,待平衡,读其电位值。临近化学计量时每次加入 0.1～0.2 mL $AgNO_3$,化学计量点后每次加入约 0.5 mL $AgNO_3$,记录 4～5 次读数后,即可结束滴定。

(5)另取一份基准 NaCl 溶液平行测量一组数据。

3. 水样中氯离子含量的测定(自动)

(1)吸取水样 25.00 mL,加 3 滴 6 $mol \cdot L^{-1}$ HNO_3 和 0.5 g $Ba(NO_3)_2$,放入搅拌子搅拌。

(2)在滴定管中加入 $AgNO_3$ 标准溶液,调好零点,将电极、滴定管和被测溶液安装好。

(3)按照本章第一节仪器使用方法的“5. 电位自动滴定”进行终点电位设定和预控点电

位设定,开动搅拌开关。

(4)按一下"滴定开始"按钮,滴定灯闪亮,仪器即开始滴定。到达终点后,滴定灯不再闪亮,过 10 s 左右,终点灯亮,滴定结束。

(5)记录滴定管内消耗的 $AgNO_3$ 的体积。

(6)重复上述操作,再测一组平行数据。

五、数据记录与处理

(1)以 NaCl 标定 $AgNO_3$ 浓度时所用 $AgNO_3$ 的体积为横坐标,相应的 mV 值为纵坐标,在坐标纸上作 E-V 滴定曲线。

(2)在 E-V 曲线上作两条对横坐标夹角为 45°的切线,切线间的平行等分线与曲线的交点即为终点。或作$\dfrac{\Delta E}{\Delta V}-V$ 曲线,或用二阶微商法。

(3)由 E-V 曲线求出终点时消耗的 $AgNO_3$ 体积,并根据下式计算 $c(AgNO_3)$。

$$c(AgNO_3)=\frac{c(NaCl)\cdot V(NaCl)}{V(AgNO_3)}(mol\cdot L^{-1})$$

(4)由曲线查出终点时的电位值,供自动滴定时调节终点电位用。

(5)根据自动滴定时消耗 $AgNO_3$ 的体积,由下式计算每升原液中含氯的毫克数。

$$Cl^-(mg\cdot l^{-1})=\frac{c(AgNO_3)\cdot V(AgNO_3)\times 35.45}{25.00}\times 10^3$$

式中:$V(AgNO_3)$为滴定至终点时耗去的 $AgNO_3$ 溶液的体积。

六、思考题

(1)试写出实验中测量电池的表示式。

(2)如以 Cl^- 来滴定 Ag^+,滴定曲线的形状发生什么变化?化学计量点时的电位值呢?

(3)试比较电位滴定中,用作图法确定滴定终点的三种方法。

实验三十四　自拟方案实验

一、实验内容

(1)用氯离子选择电极测定微量 Cl^-。

(2)氯离子选择电极性能的测试。

(3)H_2SO_4、H_3PO_4 混合酸的电位滴定。

二、实验要求

(1)确定分析方法,写出较详细的实验方案,方案的内容包括分析方法及简要原理,所用仪器和试剂,具体实验步骤,实验结果的计算公式及参考资料。

(2)切实按所拟定的实验方案认真地进行实验,做好实验数据的处理。实验结束后,根据实验记录进行整理，写出实验报告。在实验报告中应对所设计的实验方案和实验结果进行评价，并对实验中的现象和问题进行讨论。

二维码 15　ZD-2 型电位滴定仪使用视频

Chapter 11 第11章

气相色谱分析法

第一节 SP-3400 型气相色谱仪的使用说明

一、SP-3400 型气相色谱仪的操作步骤

(1)打开气源

①打开压缩气体钢瓶阀。该阀位于钢瓶顶端,逆时针方向打开,必要时需借助扳手。

②打开减压阀。该阀与两块压力表连在一起构成一个部件称为减压器或压力表,接在钢瓶顶部侧面,顺时针方向旋转为打开;逆时针方向旋转为关闭。如气源为氢气,可将出口压力设定在 2~3 $kg\cdot cm^{-2}$;如气源为氮气,出口压力可加倍。

(2)设定载气流量 将载气稳流阀调节在适当位置,该阀通常不需关闭,故实际使用中此步骤往往可省略,只需查验一下该阀是否已调到适当位置。检查柱前压力表是否有压力指示,如柱前压力为 0,说明系统泄漏,查看气化室胶垫是否需要更换;如压力过高(双柱系统可与参比柱前压比较;单柱系统可与平时比较或与气源出口压力比较),提示系统堵塞,多数情况为胶垫碎屑因高温碳化黏结成团,需卸柱用适当粗细的钢丝疏通。

(3)开机 位于仪器后上方色谱仪总电源。

(4)设置配置表 根据具体情况而定,按面板上的 GC CONFIGURE 键。

(5)设置方法 按 BUILD/MODIFY METHOD1 键。

①设定柱温。比组分的最高沸点略低。

②设定气化室温度。比组分的最高沸点略高,但不得高于其分解温度。

③设定检测器温度。与柱温相同或略高。

④用热导检测器时设定桥流。在满足灵敏度要求条件下越小越好。

METHOD1 中的相关参数的设置按主机面板上的提示设定。SP-3400 型的主机面板上共有 4 个方法键,除了 METHOD1,还有 METHOD2,METHOD3,METHOD4。方法储存好后,下次开机,仪器默认按 METHOD1 的设置运行,需用其他方法时按 ACTIVATE 键激活。

(5)打开 BF-2002 色谱工作站。

(6)观察状态 按 STATUS 键,可在显示屏上观察升温状态,设定状态,基线状态。

(7)温度到达设定值后,READY 灯亮,若不亮,按 RESET 键。FID、FPD 通 AIR、H_2 点火按 IGNITE 约 5 s。

(8)进样 按 STATUS 键下翻,观察基线状态,基线信号稳定或者观察工作站中的基线平稳,方可进样。进样完毕同时迅速按数据采集按钮,或鼠标点击工作站上的信号采集绿色按钮,此时面板上的 RUN 灯亮。

(9)工作站接收信号,处理数据。

(10)打印实验报告。

(11)关机。

①将 H_2,AIR 关掉。

②将各加热区温度降至室温。

③关闭色谱仪电源。

④关闭载气。

⑤关闭实验室电源。

二、进样操作要点

气相色谱分析过程中,进样是十分重要的环节,正确的进样是获取准确分析结果的前提。进样时进针位置及速度,针尖停留时间及拔出速度都会影响进样重现性,一般要求进样的相对误差为 2%～5%。气相色谱进样操作要点如下:

(1)进样器取样时,应先用待测样品溶液润洗 5～6 次,然后缓慢吸取一定量待溶液,若有空气进入进样器内,将针头朝上,待空气排除后,再排去多余试液便可进样。

(2)进样时要求进样器垂直于进样口,如图 11-1 所示,左手扶住针头以防弯曲,右手拿住进样器,右手食指卡住进样器推杆和进样器管的交界处,这样可避免当进针到气路中由于载气压力较高把推杆顶出。

(3)将进样器插入到气化室内部,使针尖位于气化室加热块中,推入试样,停留 1～2 s 后,拔出进样器。整个进样操作要求连贯、平稳、迅速。

(4)进样器上橡胶密封垫片需经常更换,20～50 次进样后,气密性下降,容易漏气。

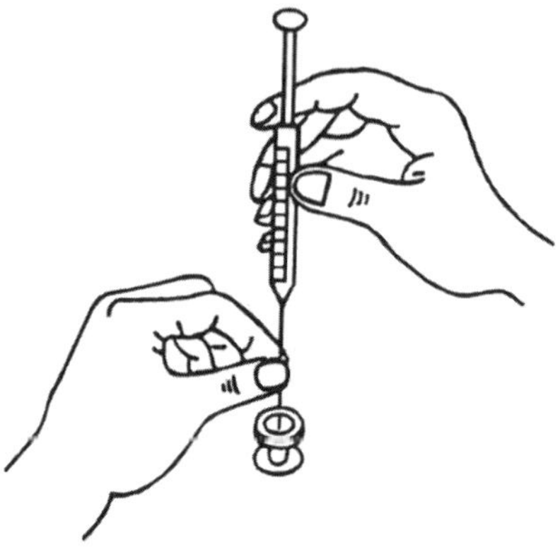

图 11-1 微量进样器操作手法

三、BF-2002 色谱工作站操作步骤

1. 单点校正操作步骤

(1)进标样,测定校正因了。

①先在计算机上建立文件夹。

②在工作站中确定工作目录。

③在"工具"的"选项"中,点击"命名",为谱图命名。

④点击“新建”，在工作站左上角自动出现谱图名称，XXXX-200200620-001。

⑤进标准样品，开始采集。

⑥采集结束后，处理谱图，确定每一个峰的基线和保留时间。

⑦处理谱图，有两种方法：a. 修改参数：起始峰宽、最小峰面积、噪声滤除强度、峰宽递增速度，通过修改以上参数来确定峰，其中噪声滤除强度、峰宽递增速度这两个参数一般不需要修改；b. 手动确定峰，用鼠标加减峰或填写时间来完成色谱峰的确定。

⑧“定量方法”中选“归一”，在“定量结果”中，点“计算”，得到保留时间。

⑨在“组分表”中，选取保留时间，并输入标样中各组分的名称和浓度。

⑩在“定量方法”中选“计算校正因子”，在“定量结果”中，点“计算”得到校正因子。

⑪在“组分表”中，选取校正因子。

⑫在“定量方法”中选“单点校正”。

⑬在“文件”中选“存为模板”，默认或自己命名。

(2)进待测样品，测定未知样品的浓度。

①命名、进样、采集谱图，处理谱图，操作同上。

②谱图处理好后，如果1.(1)⑬中存的模板为默认模板，则在文件中不需要引进模板，直接在“定量结果”中即可看到测得的未知样品浓度；如果1(1)⑬中存的模板为自己命名的模板，要在“文件”中点“引进模板”，在“定量结果”中点“计算”未知样品浓度，得出结果。

(3)打印报告　点“打印”即出打印报告。

2. 归一法操作步骤

(1)按谱图处理所述采集并处理待测样品的谱图数据。

(2)在“定量方法表”中选择“归一”。

(3)选择“操作”菜单中的“定量计算”命令，程序随即将计算结果填入“定量结果表”中。

3. 计算校正因子操作步骤

(1)按谱图处理所述采集并处理标准样品的谱图数据。

(2)在谱图中将鼠标放在某一组分所对应的色谱峰，按鼠标右键并在弹出的菜单中选择“自动填写定量组分表中套峰时间”命令，这时可以看到程序自动在“定量组分表”时间一栏里填写了点击鼠标右键时鼠标指针所指处的时间，此时间只要在所指峰的起始点范围之内，此峰则被选中。重复此步，将标样中全部组分所对应的色谱峰选进“定量组分表”。

(3)在“定量组分表”里填上标样中各组分的浓度。

(4)如果标样中添加了内标物，则需要在“定量组分表”的“内标”一列中指定哪一个组分是“内标”，并且在“浓度”一列中填上内标物的重量或体积。

(5)在“定量方法表”中选择“计算校正因子”。

(6)选择“操作”菜单中“定量计算”命令，程序随即将计算结果填入“定量结果表”中。

(7)如果用平行进待测样计算平均校正因子，则打开由这一系列平行样生成的谱图文件，在打开的各个文档窗口中单击其“定量结果表”中的“存档”按钮将计算结果存入一临时区域，最后在任一打开的或一新建的文档窗口中单击其“定量结果表”中的“取平均表”按钮，程序将所有存入临时区域的计算结果取平均值并刷新此“定量结果表”。

(8)在“定量组分表”中单击“取校正因子”按钮，将刚刚计算得到的但尚在“定量结果表”

中的校正因子读取到“定量组分”中，为以后使用这些校正因子计算浓度做好准备。

(9)选择“文件”菜单中的“存为模板”命令将当前文档窗口中的几张表格保存到当前工作目录下的“默认模板.tab”文件中，这样以后在新建的文档窗口中将自动含有此次在定量组分表及其他表格中填写的所有内容。

第二节　气相色谱法实验

实验三十五　酒中杂油醇、甲醇的色谱测定

一、实验目的

(1)了解氢火焰离子化检测器的使用方法。

(2)学习用外标法进行定量分析。

二、实验原理

由于生产方式不同，酒中的杂油醇、甲醇含量不同，测定其含量可了解产品的纯度和品质，而且甲醇属有毒物质，所以测量酒中甲醇的含量显得十分必要。

外标法是色谱分析中经常使用的方法，其步骤为首先配制一系列不同浓度的标准样品，在与未知样相同进样量和分析条件下进行色谱分析，以相应组分的峰高或峰面积对浓度作图，得到该组分的标准曲线。在相同条件下分析待测样品，根据所得的峰高或峰面积从标准曲线上查出其含量。使用这种方法，需使未知样品的浓度处于标准样的浓度范围内，且标准样与未知样的进样量相同。

三、主要仪器和试剂

1. 仪器

气相色谱仪、氢火焰离子化检测器、1 μL 和 25 μL 微量进样器。

2. 试剂

乙酸乙酯、甲醇、正丙醇、异丁醇、正丁醇、2-戊醇、仲丁醇、异戊醇、正戊醇，均为色谱纯。60%(V/V)乙醇(不含甲醇)水溶液(A. R.)。

四、色谱条件

色谱柱：固定相为 PEG-20∶一缩二甘油∶101 白色担体＝20∶2∶100，不锈钢柱 2 m × 4 mm。

柱温：79℃。

气化室温度：125℃。

检测室温度：110℃。

载气(N_2)流速:50 mL·min^{-1}。

氢气(H_2)流速:40 mL·min^{-1}。

空气流速:50 mL·min^{-1}。

五、实验步骤

1.启动仪器

参照仪器操作程序启动仪器。

2.定性、定量分析

(1)分别进纯乙酸乙酯、甲醇、正丙醇、异丁醇、正丁醇、2-戊醇、仲丁醇、异戊醇、正戊醇 0.5 μL。

(2)绘制标准曲线。用微量进样器量取10.9 μL乙酸乙酯,18.7 μL甲醇,18.4 μL正丙醇,18.3 μL异丁醇,18.5 μL正丁醇,18.4 μL 2-戊醇,18.3 μL仲丁醇,18.7 μL异戊醇,18.4 μL正戊醇,加入50 mL容量瓶中。用60%(V/V)无甲醇乙醇水溶液稀释至刻度,摇匀。此混合标液各标准物的浓度均为0.30 μg· mL^{-1}。

用60%(V/V)无甲醇乙醇水溶液为溶剂,将上述混合标准液稀释成标准系列,使各标准物的浓度分别为0.03,0.06,0.15,0.24,0.30 μg· mL^{-1}。均取1 μL进样,每个浓度的标样重复进样三次,取峰高平均值,分别以各标准物的含量对峰高作图,绘制标准曲线。以保留时间作定性指标。

(3)分析样品。取1 μL酒样进样,以保留时间定性,以峰高定量。

六、数据记录与处理

(1)写出酒样的定性结果。

(2)按下式计算酒样中各组分的含量ρ_i[g·(100 mL)$^{-1}$]

$$\rho_i=\frac{c}{\frac{V}{1\,000}\times 1\,000\times 1\,000}\times 100$$

式中:c为由标准曲线查出的某个被测组分的含量(μg),V为进样量(μL)。

七、思考题

(1)氢火焰离子化检测器的工作原理和应用范围。

(2)用外标法进行定量分析需注意哪些问题?

实验三十六 涂料中苯、甲苯、二甲苯的测定

一、实验目的

(1)了解色谱定量分析的原理和内标法进行定量的方法。

(2)学习涂料中苯、甲苯、二甲苯的测定方法。

二、实验原理

涂料样品经稀释后，在色谱柱中苯、甲苯、二甲苯及其他组分分离，用氢火焰离子化检测，以内标法定量，对涂料中的苯、甲苯、二甲苯的含量进行测定。

选择适宜的物质作为内标物，将一定量的内标物加入到准确称量的试样中，根据试样和内标物的质量，以及被测物质和内标物的峰面积进行定量的方法，称为内标法。若试样质量为 m，加入的内标物质量为 m_s，混合后进样，得到内标物和被测物的色谱峰面积分别为 A_s 和 A_i，则被测物质 i(质量为 m_i)的百分含量 ω_i 为

$$\omega_i=\frac{m_i}{m}\times100\%=\frac{m_i}{m_s}\times\frac{m_s}{m}\times100\%=$$

$$\frac{f_iA_i}{f_sA_s}\cdot\frac{m_s}{m}\times100\%=\frac{A_i}{A_s}\cdot\frac{m_s}{m}\cdot f'_i\times100\%$$

式中：m_s 为内标物的质量；m 为样品的质量；A_i 为被测组分的峰面积；A_s 为内标物的峰面积；f_i 为被测组分的质量校正因子；f_s 为内标物的质量校正因子，f'_i 为相对质量校正因子，$f'_i=f_i/f_s$。

内标法的关键是选择合适的内标物。它应符合以下条件：它应是样品中原来不存在的纯物质，性质与被测物质相近，能溶于样品中，但不能与样品发生反应；内标物的色谱峰应位于被测物质的色谱峰附近，或位于几个被测物质色谱峰的中间，并与这些色谱峰完全分离；内标物的质量应与被测物质接近，使内标物和待测物的色谱峰大体相当。本实验采用正庚烷作内标物。

三、主要仪器和试剂

1. 仪器

配有程序升温功能和氢火焰离子化检测器（FID)的气相色谱仪、10 μL 微量进样器一支。

2. 试剂

乙酸乙酯、苯、甲苯、二甲苯、正庚烷，均为色谱纯。

四、色谱条件

色谱柱：10% PEG-20/Chromosorb WAW (80～100 目/100～120 目)、2 mm × 2 m 不锈钢填充柱。

气化室温度：200℃。

检测器温度：200℃。

载气(N_2)流速：20～25 mL·min^{-1}。

燃烧气(H_2)流速：30～40 mL·min^{-1}。

空气助燃气流速：500～600 mL·min^{-1}。

柱温：60℃恒温 10 min 后以 15℃·min^{-1}速率程序升温至 180℃，保持 5 min。

五、实验内容

1. 相对校正因子的测定

(1)标准样品的配制　分别称取苯、甲苯、二甲苯及内标物正庚烷各 0.02 g（精确至 0.000 1 g），用乙酸乙酯稀释至 5 mL 容量瓶中，密封并摇匀。

(2)相对校正因子的测定　待仪器稳定后，吸取 1 μL 标准样品注入气化室，记录色谱图、采集色谱数据。

2. 样品的测定

将样品摇匀后，在 5 mL 容量瓶中加入 2.000 0 g 样品和 0.020 0 g 正庚烷，用乙酸乙酯稀释至刻度，密封摇匀。在与测定相对校正因子相同的色谱条件下对样品进行测定，记录各组分在色谱柱上的色谱图和色谱数据。

六、数据记录与处理

(1)按下式分别计算苯、甲苯、二甲苯对正庚烷的相对质量校正因子。

$$f'_i=\frac{m_iA_s}{m_sA_i}$$

式中：f'_i 为试样对正庚烷的相对质量校正因子；m_i 为试样的质量 (g)；A_s 为正庚烷的峰面积，m_s 为正庚烷质量 (g)；A_i 为试样的峰面积。

(2)按下式分别计算苯、甲苯、二甲苯各自的质量分数ω_i。

$$\omega_i=f'_i\frac{m_sA_i}{m_iA_s}$$

由上式可以看出本法是通过测量内标物和待测组分的峰面积比值来进行计算的，因此操作条件变化对定量分析没有影响。

七、思考题

(1)内标法的优点是什么？

(2)在什么情况下使用内标法进行定量分析？

二维码 16　气相色谱仪操作视频

Chapter 12 第12章

液相色谱分析法

第一节　日立 L-7110 型高效液相色谱仪的使用说明

一、仪器组成

日立 L-7100 型液相色谱仪由 L7420 检测器、L-7110 型输液泵及天美 T-2000L 工作站组成。

二、L-7100 型输液泵控制面板

(1)PUMP ON/OFF 键　泵启动/停止键。

(2)PURGE 键　清洗键。如新仪器或久置不用,泵体内充满空气,仪器不能输出液体,可按此键解决。但必须先打开排卸阀,由于此键功能是大流速输出液体,如排卸阀未打开,将导致泵压过高而停泵。

(3)"△"　上翻视屏键。

(4)"▽"　下翻监视屏。

(5)ENTER 键　数字输入键。

(6)CL 键　清除 ENTER 键前不慎输入的错误信息。

(7)"·"　小数点键。

(8)ESCAPE 键　返回监视状态及解除键盘锁定。

(9)UTILITY 键　设置辅助功能。

(10)CONFIDENCE 键　确定和设定使用记录。

(11)FLOW SET 键　流速设定键。

三、日立 L-7240 紫外检测器控制面板

(1)WAVELENGTH 键　设定波长。

(2)START/STOP 键　启动或终止时间程序。

(3)AUTO ZERO 键　调零键。

(4)MARKER 键　标记键,使用记录仪模拟输出时,检测器输出标记。

(5)PARAM SET 键　设定时间单位、纵坐标范围、启动程序和开启灯。

(6)BACK MEMO 键　记忆背景光谱。此步应在扫描紫外光谱前完成。

(7)SPECT MEMO 键　扫描紫外光谱。扫描时应停止泵,以确保被测样品停留在检测池内,可自动扣除背景光谱。可最多保存 7 个光谱。

(8)SPECT PARAM 键　用来设定扫描光谱的波长范围。

(9)RECORD 键　设定光谱的纵坐标、输出功率、光谱图号数,设定完毕后按 START 键。

(10)TIME PROG 键　用来设定时间程序,设定完毕后按 START 键。

(11)数字键

(12)△/▽键　上移下移键,按此键屏幕显示向上或下移一行。

(13)CONFIDENCE 键　可设定①锁键盘;②检查氘灯能量和波长精度;③显示氘灯日志,包括使用时间和开关次数;④重设氘灯日志。注:可通过按 ESCAPE 键随时解锁键盘。

(14)UTILITY 键　设定①offset,相当于提高基线或设定基线电压,但单位为吸光度而非 mV;②打印操作可以打印参数和日志;③氘灯关闭是否受并行口信号控制。

(15)DELETE 键　用于清除时间程序中的错误设定,未按 ENTER 键前用 CL 清除。

(16)ESCAPE 键　返回监控状态和键盘解锁,终止扫描光谱和记忆背景。

(17)"·"键　小数点键。

(18)CL 键　清除数字键。

(19)ENTER 键　数字输入键。

四、天美 T-2000L 色谱工作站的操作步骤

(一)外标法

步骤如下:创建新的方法文件参数进行实验。

1.启动色谱仪和色谱工作站软件

进样前准备工作。

2.编辑数据记忆参数

在"其他"选项中设定存放文件路径,文件名只能用英文字母和阿拉伯数字。

3.编辑积分参数

点击"积分参数"按钮,弹出"online 方法"对话框。在"积分参数"中设定"停止时间"。工作站停止采集数据的时间,停止后工作站不再记录信号,为了获得完成谱图,停止时间应晚于所测组分的出峰时间。最小峰面积、最小峰高与之同理,小于设定值的峰不被积分记录。若不设置按默认值亦可。

4.编辑"样品信息"表

点击"样品信息"图标,在"样品信息"表中编辑"样品名"、"进样体积"、"实验单位"。

进标样及做出校正曲线。

5. 标样分析

待色谱仪运行稳定后,先进标样,单击"启动"按钮。程序自动对谱图进行数据采集,并可标明峰的保留时间。当所有的峰出完后,可手动停止程序,也可在"积分参数"表中设定"停止时间"来自动停止。

6. 在"工作界面"作校正曲线

即设定本次实验处理样品数据文件的方法文件参数组。

(1)编辑定量参数　打开"online 方法"对话框,先在"定量参数"中设定好"定量方式"、"定量方法"、"标准"、"次方"、"标样浓度单位"。

(2)填写组分表　在"组分表"中填写"组分名"、"保留时间"、"标准浓度,即浓度值"。

(3)定义校正曲线

a. 点击"校正曲线",弹出窗口。

b. 定义各点所需的谱图峰文件。即先用鼠标指向标样浓度点号,浓度相应从小到大顺序,然后单击左键,则该点号被蓝框覆盖,再单击右键,弹出右键可选菜单。

c. 选择"增加"项,此项操作表示在同一个浓度点,可以加入几个平行实验的数据进来进行平均计算。即相同浓度可以指定多个文件,自动求取平均值,以减少实验误差。弹出"图谱选择"窗口后在此选择相应的谱图文件,则该序号点的文件前出现一个"+"号,各个点定义完成后,单击"重校正"即可显示出校正曲线。

(4)选择报告模板　在"报告格式"中选择报告输出格式。

(5)在"方法信息"中编辑相关信息　设置好后,点"确认"。

7. 进待测样进行分析

每次进样工作站都会调用"工作界面"中已设置的参数进行计算,样品分析完毕后点击"屏幕报告"查看实验结果。

8. 打印

点击"打印报告"按钮打印结果,以方法文件组参数中报告模板文件的格式输出。

也可在"分板报告"菜单点击"定制报告"项进入报告界面重新编辑后再打印。

(二)单点内标法

其操作与外标法基本相同,在作校正曲线时填写组分表有略差别。

步骤如下:

(1)启动色谱仪和色谱工作站软件(1～6 步的操作与外标法相同)。

(2)填写组分表。

①点击"组分表",弹出方法编辑窗口,填入所分析的样品组分名称、保留时间及标准品浓度。

②在做单点内标法分析时,正确输入"内标物",以便系统对内标物峰的识别,当光标点击到"内标物"时,如果标样中内标物的浓度等于未知样品中内标物的浓度时,内标物标准浓度输入"1",样品内标量也输入"1"。如果内标物在标样和样品中的浓度不同,内标物在标样中的浓度是 0.01 $mg\cdot mL^{-1}$,而在样品中的浓度是 0.015 $mg\cdot mL^{-1}$,则在内标物标准浓度中输入 0. 01,样品内标量输入 0.015。

内标量参数仅当所有样品含有内标物浓度相同且样品中和标样中的内标物浓度不同时时才需输入具体浓度，当内标物浓度在标样以及样品中相同时输入1。

(3)定义校正曲线(同外标法)。

(4)选择报告模板。在“报告格式”中选择报告输出格式。

(5)在“方法信息”中编辑相关信息 以上方法参数组中的各参数设置好后，点“确认”。完成在“工作界面”中设定本次实验处理样品数据文件的方法参数组了。

(6)进待测样进行分析 每次进样工作站都会用“工作界面”已设置的参数进行计算，因此每次样品分析结束直接点击“屏幕报告”即可查看相应实验结果。

(7)点击“屏幕报告”查看样品结果。

(8)点击“打印报告”，按方法文件组参数中所选定的报告模板文件的格式打印，也可在“分析报告”菜单中点击“定制报告”项进入报告界面重新编辑后再打印。

五、使用日立 L-7110 高效液相色谱仪的具体操作步骤

(1)开泵电源，设定好泵流速（一般为 1.000 $mL\cdot min^{-1}$）。

(2)按 PUMP ON/OFF 键开启泵。

(3)打开阀门，按“PURGE”键，排气约 3 min，关闭阀门，流动相开始流经色谱柱。

(4)打开 L-7420 紫外检测器，在主机面板上设定检测波长。

(5)启动 T-2000L 色谱工作站，设置方法参数及编辑样品信息。

(6)流动相以 1.0 $mL\cdot min^{-1}$ 流速平衡至基线平稳方可进样，进样前按“AUTO ZERO”键自动调零。

(7)六通阀在“LOAD”位置进样，然后迅速转至“INJECT”位置，则工作站开始采集数据。

(8)数据采集完后，按照色谱工作站的操作步骤处理好实验数据，打印实验报告。

(9)实验结束后，依次关闭色谱工作站、检测器、泵、泵电源。

六、注意事项

(1)高压泵一般在开机后，首先用流动相以 1.000 $mL\cdot min^{-1}$ 流速平衡活化色谱柱 0.5 h。

(2)用完后要清洗泵，若流动相中不含酸、碱、盐用甲醇冲洗 0.5 h 即可；若流动相中有酸、碱、盐需用 80%甲醇/水溶液冲洗 0.5 h，再用二次蒸馏水冲洗 0.5 h，最后用甲醇(色谱纯) 冲洗 0.5 h。

(3)冲洗完毕后，停泵，关泵电源。

(4)换流动相时要停泵。

(5)进样器进完样不要拔出，等下次进样时拔出。

(6)进样器用完后也需清洗四次：“LOAD”、“INJECT”两个位置都清洗。

(7)换样之前，重新编辑样品信息中的“样品名称”。

(8)高效液相色谱仪测试中用到的流动相、标样、试样等都需用 0.45 μm 溶剂过滤膜过滤，超声波脱气后方可使用。

第二节　液相色谱法实验

实验三十七　果汁(苹果汁)中有机酸的分析

一、实验目的

(1)了解 HPLC 在食品中的应用。

(2)理解缓冲溶液在流动相中的作用。

(3)掌握用内标法对组分进行定量分析的方法。

二、实验原理

食品中主要的有机酸是乙酸、丁二酸、苹果酸、柠檬酸、酒石酸等,它们可能来自原料、发酵过程或是人为添加剂。这些有机酸在水溶液中有较大的解离度。在反相键合相色谱中易发生色谱峰拖尾现象。苹果汁中的有机酸主要是苹果酸和柠檬酸,在酸性流动相条件下(如 pH 2～5),上述有机酸的离解得到抑制,增加其在 C18 键合色谱柱中保留。由于不同有机酸的疏水性不同,疏水性大的有机酸因在固定相上更易保留,较晚流出色谱柱;否则较早流出,使各组分得到分离。

内标法是色谱定量中常用的方法,定量准确,对进样量和操作条件的稳定性要求不高。本实验选择酒石酸为内标物,分析苹果汁中的苹果酸和柠檬酸的含量。

有机酸在波长 210 nm 附近有较强吸收,因此采用紫外检测器进行检测。

三、主要仪器和试剂

1. 仪器

日立 L-7110 型高效液相色谱仪、脱气装置。

2. 试剂

磷酸二氢铵、柠檬酸、酒石酸、苹果酸均为优级纯。配制 2 $mmol \cdot L^{-1}$ 和 8 $mmol \cdot L^{-1}$ 的磷酸二氢铵水溶液;苹果酸标准溶液的配制:准确称取一定量的苹果酸,用二次蒸馏水配制 1 000 $mg \cdot L^{-1}$ 的溶液,使用时适当用二次蒸馏水或流动相稀释 5～10 倍。柠檬酸与苹果酸标准溶液的配制方法同上。三种有机酸的混合标准溶液:各含约 200 $mg \cdot L^{-1}$。苹果汁:市售苹果汁用 0.45 μm 滤膜过滤后置于冰箱冷藏保存备用。

四、实验内容步骤

(1)参照仪器使用说明开机,排空流路中的气泡。

(2)设置实验参数　C18 键和相色谱柱,流动相为 0.2 $mmol \cdot L^{-1}$ 和 0.8 $mmol \cdot L^{-1}$ 的磷

酸二氢氨水溶液，比例为 1:1(V/V)，流速为 1.0 $mL \cdot min^{-1}$，柱温为 30℃，紫外检测波长为 210 nm，进样量 20 μL。

(3)启动色谱系统，待基线稳定后，进 3 种有机酸的混合标样，观察分离情况。

(4)调整流动相的比例，使 3 种有机酸获得良好的分离。

(5)进各个有机酸的标样，根据保留值进行定性。

(6)进样有机酸混合标样，重复 3 次，用于计算各自的校正因子。

(7)进待测苹果汁的样品，重复 3 次。

(8)准确称量一定量的内标物酒石酸，加入到准确称量的待测苹果汁样品中，记录各自的称量值，摇匀待用。

(9)进含有内标物的待测苹果汁样品，重复 3 次。

(10)按关机程序关机。

五、注意事项

(1)配制样品，称量一定要准确。

(2)实验结束后以纯水为流动相，冲洗色谱柱，以避免柱的堵塞。

六、数据处理

(1)计算 3 种有机酸的校正因子和分离度。

(2)按外标法计算苹果汁中苹果酸和柠檬酸的含量。

(3)以酒石酸为内标物，按内标法计算苹果汁中苹果酸和柠檬酸的含量，与外标法测得的结果进行比较，并加以讨论。

七、思考题

(1)流动相中磷酸二氢铵的浓度变化，对组分分离有什么影响？

(2)针对苹果汁中苹果酸和柠檬酸的分析，说明外标法定量和内标法定量的优点。

(3)紫外光度检测器是否适用于检测所有的有机化合物，为什么？

(4)若实验中的色谱峰无法完全分离，应如何改善实验条件？

实验三十八　饮料中咖啡因的高效液相色谱分析

一、目的要求

(1)熟悉高效液相色谱仪的结构，理解反相 HPLC 的原理和应用。

(2)掌握外标法定量。

二、基本原理

咖啡因又称咖啡碱，属黄嘌呤衍生物，化学名称为 1,3,7-三甲基黄嘌呤，是从茶叶或咖啡中提取的一种生物碱。它能兴奋大脑皮层，使人精神亢奋。咖啡因在咖啡中的含量为1.2%～1.8%，在茶叶中为2.0%～4.7%。可乐饮料、止痛药片等均含咖啡因。咖啡因的分子式为$C_8H_{10}O_2N_4$，结构式如下：

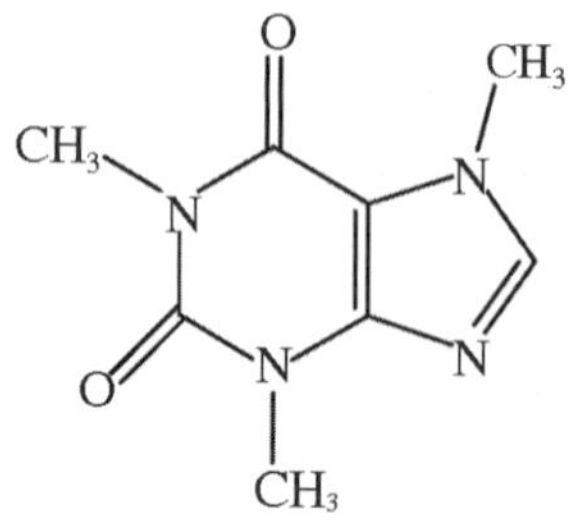

在化学键合相色谱法中，对于亲水性的固定相常采用疏水性流动相，即流动相的极性小于固定相的极性，这种情况称为正相化学键合相色谱法。反之，若流动相的极性大于固定相的极性，则称为反相化学键合相色谱法，该方法目前的应用最为广泛。本实验采用反相液相色谱法，以C18键合相色谱柱分离饮料中的咖啡因，紫外检测器进行检测，以咖啡因标准系列溶液的色谱峰面积对其浓度作标准曲线，再根据试样中的咖啡因峰面积，由标准曲线算出其浓度。

三、主要仪器和试剂

1. 仪器

日立L-7110型高效液相色谱仪、超声波清洗器、25 μL微量进样器。

2. 试剂

(1)甲醇与咖啡因均为分析纯，水为二次蒸馏水。

(2)咖啡因标准溶液的配制

①标准贮备液：配制含咖啡因1 000 $\mu g \cdot mL^{-1}$的甲醇溶液，备用。

②标准系列溶液：用上述贮备液分别配制20 $\mu g \cdot mL^{-1}$、40 $\mu g \cdot mL^{-1}$、80 $\mu g \cdot mL^{-1}$、160 $\mu g \cdot mL^{-1}$、320 $\mu g \cdot mL^{-1}$咖啡因的甲醇溶液。

(3)试样　市售的可口可乐和百事可乐。

四、实验条件

色谱柱长150 mm，内径4.6 mm。装填：C18烷基键合相，颗粒度10 μm固定相。

流动相：甲醇/水(60∶40 V/V)，流量：0.6 $mL \cdot min^{-1}$。

紫外检测器、测定波长为254 nm，灵敏度为0.08。

进样量：10 μL。

五、实验步骤

(1)将配制好的流动相超声脱气15 min。

(2)根据实验条件，将仪器按照仪器的操作步骤调节至进样状态，待色谱工作站记录的基线平直，即可进样。

(3)依次分别吸取 10 μL 的五个标准溶液进样，记录各色谱数据。

(4)分别将约 20 mL 可口可乐和百事可乐试样置于 25 mL 容量瓶中，用超声波清洗器脱气 15 min。

(5)依次分别吸取 10 μL 的可口可乐和百事可乐试样进样，记录各色谱数据。

(6)实验结束后，按要求关好仪器。

六、数据及处理

(1)记录实验条件。

(2)处理色谱数据，将标准溶液及试样溶液中咖啡因的保留时间及峰面积列于下表中。

项目	t_R/min	A/(mV·s)
标准溶液 20 $\mu g \cdot mL^{-1}$		
标准溶液 40 $\mu g \cdot mL^{-1}$		
标准溶液 80 $\mu g \cdot mL^{-1}$		
标准溶液 160 $\mu g \cdot mL^{-1}$		
标准溶液 320 $\mu g \cdot mL^{-1}$		
可口可乐		
百事可乐		

(3)绘制咖啡因峰面积—质量浓度的标准曲线，并计算回归方程和相关系数。

(4)根据试样溶液中咖啡因的峰面积值，计算可口可乐和百事可乐中咖啡因的质量浓度。

七、思考题

(1)用标准曲线法定量的优缺点分别是什么？

(2)根据结构式，咖啡因能否用离子交换色谱法分析？为什么？

(3)若标准曲线用咖啡因质量浓度对峰高作图，能给出准确结果吗？与本实验的峰面积-质量浓度标准曲线相比哪个优越？为什么？

二维码 17　液相色谱仪操作视频

Chapter 13 第13章

原子吸收分光光度法

第一节　WFX-120原子吸收分光光度计的使用说明

一、WFX-120原子吸收分光光度计的使用

1. 开机要求

(1)接通电源，打开计算机并编辑分析方法。

(2)打开原子吸收分光光度计的电源。

(3)打开空气压缩机，先开网机(即电源)，后开压机，使空压机的出口压力为0.3 MPa。

(4)打开乙炔气体。

注意：打开前先检查次级分压阀是否完全打开，确定完全打开后再打开总压阀，但总压阀不要打开太大，最好使其初级压力维持在0.5 MPa，再将次级分压阀逐渐压紧，使其出口压力在0.05～0.07 MPa。

(5)点火，调节乙炔气体的流量为2 $mL \cdot min^{-1}$。

2. 关机要求

(1)如果是临时关机，则只需关乙炔气体，先关闭总压阀，再打开次级分压阀，使管路中的乙炔气体燃烧尽而自然熄灭。

(2)如果实验结束需要关机，则先关闭乙炔气体，方法同上，然后关闭空气压缩机，关闭时先关压缩机，再进行放气，当空气出口压力为零后，再关闭网机。

二、工作站操作说明

本软件采用Windows操作系统环境下全汉化应用程序。

1. 软件的进入

首先接通主机电源，打开计算机进入Windows操作系统的桌面，双击快捷方式BRAIC自动进入应用程序。

2. 编辑分析方法

用鼠标点击“操作”再用鼠标点击“编辑分析方法(M)”，出现操作说明。

(1)分析光源　本仪器可做火焰原子吸收分析、石墨炉原子吸收分析、氢化物原子吸收分析、火焰原子发射分析。

(2)操作　可用于创建新方法、修改已有的方法、删除已有的方法。用户可根据分析要求，直接用鼠标点击选择分析方法。例如：用户选择火焰原子吸收分析，可用鼠标点击选择“火焰原子吸收”、“创建新方法”，用鼠标点击继续，出现创建新分析方法。

(3)选择分析元素　用鼠标点击图“···”出现元素周期表，可选择不同的分析元素，用鼠标点击某一元素，然后点击确定，这个元素即被确认。

(4)方法编号　如果选择多个分析方法，方法编号则自动排列；然后点击确定。

3. 分析条件的选择

(1)仪器条件的选择　用鼠标点击仪器条件。

①分析波长　如果你在元素周期表内任意选择一种元素其分析波长就为该元素的主灵敏线，如果想改用次灵敏线，需用户自行输入。

②元素灯　分普通空心阴极灯(HCL)和高性能空心阴极灯(HPCL)。

③元素灯位置　用鼠标点击三角形标记，有六个灯位置可供选择，被选择灯位置的元素灯必须与在元素周期表内选择的元素相一致，否则会影响波长及能量的准确性。

④背景校正器　可做 D_2 灯背景校正、自吸收背景校正。

⑤狭缝、灯电流　根据不同元素的分析选择不同的狭缝、灯电流。

⑥预热灯电流　输入不同的灯电流进行预热，为下一个分析方法做准备。

⑦辅助灯电流　为高性能空心阴极灯所输入的灯电流，只有选择了 HPCL 才可输入，以提供分析元素的灵敏度。

⑧D_2 灯电流与 SH 脉冲电流　只有在背景校正器中选择了 D_2 灯背景校正、自吸收后才可选择输入 D_2 灯电流与 SH 脉冲电流。

(2)测量条件的选择　用鼠标点击图的“测量条件”出现编辑页面。

①分析信号　包括时间平均(火焰法选用)、峰高、峰面积(石墨炉与氢化物法选用)。

②测量方式　包括工作曲线法和标准加入法。

③读数延时　石墨炉选用，表示从开始到出峰的时间间隔。

④读数时间　火焰法及氢化物法选用，表示采集样品的快慢。

⑤阻尼常数　可减少噪声，一般选择为 2 s。

⑥平滑　石墨炉法时选用。打“√”表示选用，可以使石墨炉峰形变的平滑美观。

(3)标准工作曲线建立　用鼠标点击图中的“工作曲线参数”，弹出相应页面。

①方程　可选择拟合一次线性方程，二次方程。

②浓度单位　可选择 $ug\cdot mL^{-1}$ 或 $ng\cdot mL^{-1}$。

③进样体积 (石墨炉法时选用)标准样品及未知样品一般选择 20 μL；浓度：S_1、S_2、S_3、…S_{10} 可以顺序输入标准样品点。

④测量次数及空白测量次数　表示标准空白点及标准样品点 1 次、2 次或 N 次的测量，

其中它们的平均值参与曲线拟合。

⑤标准空白的选择有两种

a.用鼠标点击标准空白旁边的方框使其成为“√”表示每次测量标准样品点扣除标准空白；

b 强制过零点，不选择标准空白旁边的方框，而是把 S_1 输成标准空白，依次输入标准样品点，例如：标准样品依次点为 1 $\mu g \cdot mL^{-1}$、3 $\mu g \cdot mL^{-1}$、5 $\mu g \cdot mL^{-1}$则输入方法如下：分别用鼠标点击 S_1 输为 0、点击 S_2 输为 1、点击 S_3 输为 3、点击 S_4 输为 5。

(4)条件火焰的设置　用鼠标点击图中的“火焰条件”弹出相应页面。

①火焰类型　用鼠标点击火焰类型旁的三角形的标记选择空气-乙炔焰(110 型、120 型、130 型)，空气-乙炔-氧气焰(110 型)。

②燃气流量、空气流量、氧气流量、燃烧头高度，可参考分析手册依据不同条件进行输入，以便在报告中打印出来。

(5)QC 质量控制(重置斜率)　用鼠标点击图中的 QC 弹出相应页面。

①自动重置斜率　如果选择自动重置斜率，请用鼠标点击自动重置斜率前的方框，使方框内变为“√”表示在设定的样品中可自动插入重置斜率。

②插入重置斜率 STD 间隔　如果选择了自动重置斜率，而且输入了重置斜率间隔，仪器在已编辑的样品表中按设定间隔自动插入重置斜率。

③重置斜率 STD 浓度　用户可以自己选择输入，也可以从标准样品表中选择输入，用鼠标点击“从标准样品表中选择”然后选择即可。以上各条件选定之后，用鼠标依次点击确定和完成，结束方法编辑。

4.修改已有的方法

用户在实验的过程中想要修改条件，请按下列步骤进行操作，用鼠标点击“操作”，然后用鼠标点击“编辑分析方法”，在图中选择“修改已有方法”，而后用鼠标点击继续，如果想修改其中任意一个方法，可用鼠标双击并使其变蓝，然后点击确定，并参照 3 节进行修改，如“仪器条件”、“测量条件”等的修改。

5.删除已有方法

用户需要删除已有方法，请按下列步骤进行操作：用鼠标先后点击“操作”和“编辑分析方法”，在图中选择“删除已有方法”并点击继续，如需删除其中任意一个方法，可用鼠标双击并使其变蓝，点击确定后即删除选定的方法。

6.选择分析方法

当以上方法创建好或不再作修改后，用鼠标点击完成，这时页面又回到主页面。现在用鼠标点击文件并在下拉菜单中选择“新建”，弹出相应页面，并在分析光源中用鼠标选择已编辑完成的分析方法如“火焰原子吸收”并点击确定。

7.分析任务设计

(1)选择方法　在选择方法前先把“元素”及“灯位置”旁的第一个方格用鼠标点蓝，然后再用鼠标点击“选择方法”，弹出选择已编辑好的方法页面，用鼠标选择您将要做的元素并使其变蓝，点击确定，这时第一个方格已被选中。如果想选择多个元素分析，则选择第二个方格使其变蓝，依此类推按上述方法进行选择，最多可选择输入六种元素的分析方法。

(2)样品表　用鼠标点击“样品表”，弹出相应页面。

①编号　是用户用来书写所做的未知样品的顺序。

②样品名　是用户所作的未知样品的名称，可输入汉字或字母。

③取样量与定容体积　如果取样量为 1 mL 定容体积至 50 mL，那么稀释倍数就为 50。如果所做样品的样品名、取样量与定容体积都一样，则编号的输入就可以按下列步骤操作，如有 15 个未知样品，您就可以用鼠标点击编号栏，输入数字“1”，“15”，在样品名栏输入“GGS”，在“取样量”和“定容体积”栏分别输入“1”、“50”再点击图中的“展开”，将自动按编号排列。

④添加　点击“添加”，可在已编辑的样品后面，再编辑样品信息；如果所做各样品的样品名、取样量与定容体积都不相同，则点击“添加”输入相应的编号、样品名、取样量与定容体积。

⑤清除　是用来清除样品表中选所有的项目。

⑥样品批号　表示用户所做的第几批样品。

⑦样品类型　根据用户所做样品的不同而选择不同的液体或固体；样品表输好后用鼠标点击确定。

(3)保存样品表　如果样品表需要保存，可用鼠标点击“保存样品表”键入保存文件名并点击保存，以便日后再做同样的样品时调出使用。

(4)装入样品表　用鼠标点击“装入样品表”选择保存好的文件名，再用鼠标点击“打开文件”，这时样品表信息自动填入，可点击“样品表”进行查看或修改。

(5)删除项目　如果想修改或删除方法，就可以把“元素”及“灯位置”旁所选择的方法用鼠标点蓝，再用鼠标点击“删除项目”这个方法即被删除，如果想在建立新的分析方法则必须重新选择方法。分析任务设计完成好后用鼠标点击“完成”。

(6)仪器控制

①主光束　常规法选用，用来调整光电倍增管的高压使其能量处于 100%左右。如果在使用过程中能量超出或达不到 100%，可点击“自动增益”使其平衡。

②辅助光束　自吸收法及氘灯法选用。

③设置　是用来将各项参数如：主阴极灯电流、辅助阴极灯电流、负高压、自吸及氘灯电流等送往主机。

④自动平衡　是用来辅助光束的电流，并使主光束与辅助光束的能量达到平衡。

⑤自动波长　用鼠标点击“自动波长”弹出相应对话框，这时仪器将自动寻找指定波长的峰值及最佳灯位置。并使主光束能量处于 100%左右，使其增益负高压与其匹配(WFX-110 型、WFX-120 型专用)。

⑥波长设置　用鼠标点击“波长设置”，仪器将自动找到所设波长附近的位置，需要用鼠标点击“精调”的“短”、“长”及灯位置精调的“上”“下”，来调整波长与灯位置的最佳的波长位置。如果增益负高压过高或过低，可以用键盘输入增益负高压并点击“设置”，也可点击“自动增益”，使其自动平衡(WFX-130 型专用)。

⑦波长扫描　是用来表示在指定波长区间扫描谱线能量分布情况。

8. 实验操作

当控制页面的波长、能量、负高压选定后，点击“完成”并弹出测量页面进行实验分析。

(1)火焰法标准曲线的绘制及未知样品的测量　以铜 1 $\mu g \cdot mL^{-1}$、3 $\mu g \cdot mL^{-1}$、5 $\mu g \cdot mL^{-1}$ 标准系列为例，简要说明其操作步骤：

①打开空气和乙炔气，在安全的情况下点燃火焰。

②把吸液管放入空白蒸馏水中用鼠标点击调零键进行调零。

③把吸液管按顺序放入标准空白和 1 $\mu g \cdot mL^{-1}$，3 $\mu g \cdot mL^{-1}$，5 $\mu g \cdot mL^{-1}$溶液中依次点击读数，标准系列完成后如想查看标准曲线，可点击图中工作曲线，工作曲线图中“屏蔽”可用来隐蔽某一标准点，使相关系数得到提高。具体做法是用鼠标选择影响曲线拟合的某一标准点，然后用鼠标点击“屏蔽”，如果想恢复原曲线可以用鼠标再点击“屏蔽”即可，如果想继续进行位置样品的测量，用鼠标点回测量页面继续进行测量。

在实验过程中如果想对某一标准点或未知样品点进行修改，可在测量页面中选择“数据表”，并在数据表中选择将要修改的标准点或未知样品点，先用鼠标点击使其变蓝，然后用鼠标点击“重做”，这时所选数据已被删除，可返回测量页面继续进行测量。如果点击了删除键则标准点或未知样品点和它们所有的数据将全部被删掉。“详细”是指每一个标准点或未知样品点每一次的测量值次数，并算出了平均值和精密度，也可以把这些数值打印出来。

(2)信号图　是用来显示所有样品的图形，火焰法为“时间平均”显示的是直线，石墨炉显示的是采用的峰形。

第二节　原子吸收分光光度法实验

实验三十九　火焰原子吸收法测定钙

一、实验目的

(1)通过对钙最佳测定条件的选择，了解与火焰性质有关的一些条件参数对钙测定灵敏度的影响。

(2)掌握火焰原子吸收光谱分析的基本操作，加深对灵敏度、准确度、空白等概念的认识。

二、实验原理

钙是火焰原子化的敏感元素。燃助比、测量高度等测定条件的变化、干扰离子的存在都会严重影响钙在火焰中的原子化效率，从而影响钙的测定灵敏度。

原子化效率是指火焰中被测元素的基态原子数目与被测元素所有可能存在状态的原子

总数之比。在火焰原子吸收法中,决定原子化效率的因素是被测元素的性质和火焰的性质。电离电位、解离能和结合能等物理化学参数决定了被测元素在火焰的高温和燃烧的化学气氛中解离、化合和电离的难易程度。而燃气、助燃气的种类及其配比决定了火焰的燃烧性质,如火焰的化学组成,温度和氧化还原性等。

本实验对测定钙的分析条件进行选择,并利用标准曲线法测定未知样中钙含量。

三、主要仪器和试剂

1. 仪器

WFX-120 型原子吸收分光光度计、6 支 10 mL 比色管、1 支 2 5 mL 比色管、1 个 50 mL 容量瓶、2 支 5 mL 吸量管。

2. 试剂

100 μg· mL^{1} 钙标准溶液:10μg· mL^{1} 镧溶液,若去离子水的水质不好,会影响钙的测定灵敏度和工作曲线的线性关系,加入适量的镧可消除这一影响。

本实验以乙炔为燃气,空气为助燃气。

四、实验内容

1. 测试溶液的制备

(1)条件试验溶液的制备　将 100 μg· mL^{-1} Ca^{2+} 标液稀释成浓度为 2～3 μg· mL^{-1} 的 Ca^{2+} 试液 50 mL,摇匀。此溶液用于分析条件选择实验。

(2)标准溶液的配制　用吸量管取一定体积的 100 μg· $mL^{-1}$$Ca^{2+}$ 标液于 25 mL 比色管中,用去离子水稀释至 25 mL 刻度处,其浓度应为 10 μg· mL^{-1}。于 6 支 10 mL 比色管中分别加入一定体积的 10 μg· mL^{-1} Ca^{2+} 标液,用去离子水稀释至 10 mL 刻度处,摇匀。配成浓度分别为 0,0. 5,1. 0,2. 0,2. 5,3. 0 μg· mL^{-1} Ca^{2+} 的标准系列溶液,用于绘制工作曲线。

2. 分析条件的选择

本实验只对燃烧器高度和燃助比这两个条件进行优化。在原子吸收光谱仪中,整个原子化器上、下、前、后位置和燃烧头的旋转角度都是可调的。从光源发出的光,其光路不变。若改变原子化器的上、下位置,就相当于入射光穿过了火焰的不同位置。通常原子化器旁装有一标度尺,可读出高度变化的相对值。由于火焰燃烧性质和温度分布的不均匀性,在 H_1、H_2 和 H_3 位置测定的吸光度值会有一些差别。差别的大小因火焰种类和元素性质而异。钙在火焰中易形成氧化物,若在火焰的还原区或高温区,就可避免或减少氧化钙的形成,使钙的自由原子数目增多。燃烧器高度的选择就是寻找原子化的最佳区域。

火焰的燃助比变化也会导致测量灵敏度的变化。同样,变化的大小也因火焰种类和元素的性质而定。即使是相同种类的火焰,燃助比不同,也会引起最佳测量高度的改变,从而使测量灵敏度发生变化。从图 13-1 可看出燃烧器高度与燃助比两个条件的相互依赖关系。

(1)燃烧器高度的选择　分别在高度为 2,3,4,5,6 mm 处测量 Ca^{2+} 标准系列溶液的吸光度值。随后将燃烧器固定在所选择的最佳位置。

(2)乙炔流量的选择　分别在 40,50,55,60,65 L·h^{-1} 流量下测定所配的钙试液,记录相

应的吸光度值。随后将乙炔流量调整到所选择的最佳流量。

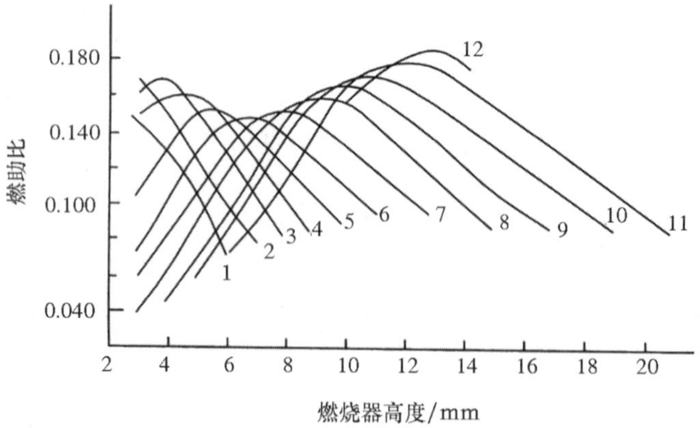

图 13-1 火焰测量高度和燃助比的变化对钙测定灵敏度的影响

五、数据记录和处理

(1)在坐标纸上画出:吸光度-燃烧器高度曲线;吸光度-乙炔流量曲线;钙的工作曲线(注意空白值如何处理)。

(2)由工作曲线查出并计算未知样品中钙的含量。

(3)根据工作曲线计算钙测定的1%吸收灵敏度。

六、思考题

(1)空白溶液的含义是什么?

(2)为什么燃助比和燃烧器高度的变化会明显影响钙的测量灵敏度?

(3)为什么原子吸收光谱仪的光源需要调制?

实验四十 人发中锌的测定

一、实验目的

(1)熟练使用原子吸收分光光度计。

(2)掌握使用湿法处理样品。

二、实验原理

原子吸收光谱分析应用范围较广,但通常是液体进样,所以被测样品需事先转化为溶液样品。有机试样的预处理通常先进行消解处理,以除去有机物基体,然后再进行溶样。对有机试样预处理的要求是试样完全分解,在分解过程中不能污染和损失待测组分,所用试剂及反应产物对后续测定应无干扰。

三、主要仪器和试剂

1. 仪器

原子吸收光度计、锌空心阴极灯、电热板、容量瓶、吸量管、烧杯、量筒。

2. 试剂

Zn 标准储备液(1 000 $\mu g \cdot mL^{-1}$):称取 1 g 金属锌(精确到 0.0001 g),置于 300 mL 烧杯中,加 30～40 mL 1∶1 的盐酸,使其溶解,待溶解完全后加热煮沸几分钟,冷却、移入 1 L 容量瓶中,用去离子水稀释至刻度,摇匀备用。此溶液浓度为 1 $mg \cdot mL^{-1}$(以锌计)。

溶剂:去离子水。

四、实验步骤

1. 发样采集

取枕部距发根 0.5～1 cm 处头发 2 g 左右于小三角烧瓶内,用中性丝毛洗涤剂浸泡 15 min,用蒸馏水冲洗干净至无泡沫。再用水洗涤 3 次,于 80℃烘干 1 h,冷却,保存于干燥器中。

2. 发样的处理

称取混匀的发样 1.000 0 g,置于 25 mL 烧杯中,加入 $V(HNO_3):V(HClO_4)=4:1$ 的混合液 10 mL,盖上表面皿,放置 2 h,在电热板上加热 10 min,升温至微沸,待冒浓烟后,取下冷却,用少量去离子水冲洗表面皿及杯壁,加热冒浓白烟后蒸至近干,取下稍冷,加入 2 mL HCl,加热至湿盐状,冷却,用 0.1%的 HCl 稀释至刻度。

3. 标准溶液配制

取 Zn 标准储备液,分别配制 5 个 50 mL 的标准溶液,浓度范围为 1～10 $\mu g \cdot mL^{-1}$,用 0.1%的 HCl 稀释至刻度,摇匀备用。

4. 实验条件设定及测样

火焰:乙炔-空气。

乙炔流量:50 $L \cdot h^{-1}$。

空气流量:315 $L \cdot h^{-1}$。

空心阴极灯电流:4 mA。

狭缝宽度:0.5 nm。

燃烧器高度:6 mm。

吸收线波长:213.9 nm。

待仪器稳定后,用空白溶剂调零,将配制好的标准溶液由低到高依次进行测定,读出吸光度值,然后进行未知试样的测试并读出吸光度值。

五、数据处理

根据所测标准溶液的吸光度值,绘制工作曲线,并求出未知试样浓度及其 95%的置信范围。

六、思考题

为什么报告测定时必须给出置信度？

二维码 18　原子吸收操作视频

附　录

附录1　消防与救护知识

一、消防

消防，应以防为主。万一不慎起火，切不要惊慌，掌握灭火的方法，迅速把火扑灭。

在失火以后，应立即采取以下措施：

1. 防止火势蔓延

(1)关闭煤气阀门，停止加热；

(2)拉开电闸；

(3)把一切可燃物质(特别是有机物质和易燃易爆的物质)移到远处。

2. 灭火

物质燃烧需要空气，需要有一定的温度，所以灭火的方法一是降温，二是使燃烧物质与空气隔绝。

讲到灭火，大家很自然地想到水。水可使燃烧区的温度降低而灭火，但在化学实验室里灭火，常常不能使用水。因为水能和某些化学药品(如金属钠)发生反应因而引起更大的火灾；当有机溶剂(如苯，汽油)着火时，因水和它们互不混溶，有机溶剂比水轻而浮在水面上，不仅不能灭火，反而使火场扩大。在这种情况下应使用沙土和石棉布来灭火。下面介绍化学实验室常用的灭火方法：

(1)金属和有机溶剂燃烧时，应把沙土抛撒在着火的物体上，或用石棉布盖在火焰处，使燃烧物和空气隔绝。

(2)一般油类、有机物燃烧时，可用泡沫灭火器(碳酸氢钠和硫酸铝溶液作用产生氢氧化铝和二氧化碳泡沫)。用灭火器喷射起火处，泡沫把燃烧物质包住与空气隔绝而灭火。此法不适用于电线走火而引起的火灾。

(3)电线走火引起的火灾，用四氯化碳灭火器。四氯化碳沸点低，比重大，不会被引燃，喷射于燃烧物的表面，四氯化碳液体即迅速气化，成为很重的气体，包住燃烧物，使其与空气隔绝而灭火。但对轻金属如Na、K、Al等能发生强烈分解甚至爆炸的化学元素药品，不能用此法灭火。

化学实验室起火时，一定要根据起火的原因和火场周围的情况，采取不同的方法，才能达到灭火的目的。

二、实验室一般伤害和救护

(1)割伤　在伤口处抹上红药水。

(2)烫伤　在伤口处抹上烫伤药,或用浓的 $KMnO_4$ 溶液润湿伤口至皮肤为棕色,不要把烫出的水泡弄破,不要用凡士林或油脂涂伤口。

(3)受酸腐伤　先用大量水冲洗,再用饱和 $NaHCO_3$ 溶液或稀氨水冲洗,最后用水冲洗。

(4)受碱腐伤　先用大量水冲洗,再用 HAc ($20\ g \cdot L^{-1}$)溶液洗,最后用水洗。

(5)酸或碱不小心溅入眼中时,必须用大量水冲洗,再用 $NaHCO_3$ 溶液(酸溅入)或用 H_3BO_3 溶液(碱溅入)淋洗,随后立即到医务所检查、处理。

(6)吸入溴蒸气、氯蒸气、氯化氢,可吸入少量酒精或乙醚混合蒸气。

每个实验室里都要准备药箱和必要的药品以备急用。

附录 2　特种试剂的配制

1. 甲基橙(0.1%)

溶解 1 g 甲基橙于 1 L 水中,必要时加以过滤。

2. 改良甲基橙(0.1%)

溶解 1 g 甲基橙和 1.8 g 二甲苯蓝 FF 于 1 L 50%的酒精中。

3. 酚酞(1%)

溶解 1 g 酚酞于 90 mL 酒精与 10 mL 水的混合液中。

4. 甲基红(0.1%)

溶解 0.1 g 甲基红于 60 mL 酒精中,加水稀释至 100 mL。

5. 铬黑 T(0.5%)

铬黑 T 与固体无水 Na_2SO_4 或 NaCl 以 1∶100 比例混合,研磨均匀,放入干燥的棕色瓶中,保存于干燥器内。

6. 钙指示剂(1%)

钙指示剂与固体 NaCl 以 1∶100 比例混合,研磨均匀,放入干燥的棕色瓶中,保存于干燥器内。

7. 淀粉溶液(0.5%)

将 5 g 可溶性淀粉与 10 mg 碘化汞(或氯化锌)加少量水搅匀,把得到的糊状物倒入约 1 L 正在沸腾的水中,继续煮沸至溶液完全透明,淀粉溶液一般现配现用。

8. 镁试剂

溶 0.001 g 对硝基苯偶氮间苯二酚于 100 mL $2\ mol \cdot L^{-1}$ NaOH 溶液中。

9. 铝试剂(0.2%)

溶 0.2 g 铝试剂于 100 mL 水中。

10. 奈斯勒试剂

将 11.5 g HgI_2 及 8 g KI 溶于水中稀释至 50 mL,加入 $6\ mol \cdot L^{-1}$ NaOH 50 mL,静止后取清液贮于棕色瓶中。

11. 醋酸铀酰锌

溶解 10 g $UO_2(Ac)_2 \cdot 2H_2O$ 于 6 mL 30% HAc 中，略微加热使其溶解，稀释至 50 mL（溶液 A）。另溶解 30 g $Zn(Ac)_2 \cdot 2H_2O$ 于 6 mL 30% HAc 中，搅动至 50 mL（溶液 B）。将这两种溶液加热至 70℃后混合，静止 24 h，取其澄清溶液贮于棕色瓶中。

12. 钼酸铵试剂(5%)

5 g $(NH_4)_2MoO_4$，加 5 mL 浓 HNO_3，加水至 100 mL。

13. 磺基水杨酸(10%)

10 g 磺基水杨酸溶于 65 mL 水中，加入 35 mL 2 $mol \cdot L^{-1}$ NaOH 溶液，摇匀。

14. 铁铵矾 $NH_4Fe(SO_4)_2 \cdot 12H_2O$(约 40%)

铁铵矾的饱和水溶液加浓硝酸至溶液变清。

15. 硫代乙酰胺(5%)

溶解 5 g 硫代乙酰胺于 100 mL 水中，如浑浊需过滤。

16. 二乙酰二肟

溶解 1 g 二乙酰二肟于 100 mL 95% 的酒精中。

17. 钴亚硝酸钠试剂

溶解 $NaNO_2$ 23 g 于 50 mL 水中，加 6 $mol \cdot L^{-1}$ HAc 16.5 mL 及 $Co(NO_3)_2 \cdot 6H_2O$ 3 g，静置过夜，过滤或取其清液，稀释至 100 mL 贮于棕色瓶中。每隔 4 周重新配制。

18. 亚硝酰铁氰化钠

溶解 1 g 亚硝酰铁氰化钠于 100 mL 水中。每隔数日，即须重新配制。

19. 硝胺指示剂(0.1%)

0.1 g 硝胺溶于 100 mL 70%的酒精溶液中。

20. 邻二氮菲指示剂(0.25%)

0.25 g 邻二氮菲加几滴 6 $mol \cdot L^{-1}$ H_2SO_4溶于 100 mL 水中。

21. 硫氰酸汞铵 $(NH_4)_2[Hg(SCN)_4]$

溶 8 g $HgCl_2$和 9 g NH_4SCN 于 100 mL 水中。

22. 氯化亚锡(1 $mol \cdot L^{-1}$)

溶 23 g $SnCl_2 \cdot 2H_2O$ 于 34 mL 浓 HCl 中，加水稀释至 100 mL，临用时配制。

23. 百里酚蓝和甲酚红混合指示剂

取 3 份 0.1%百里酚蓝酒精溶液与 1 份 0.1%甲酚红 50%酒精溶液混合均匀(在混合前切记要溶解完全)

24. 二苯胺磺钠(0.5%)

称取 0.5 g 二苯胺磺酸钠溶解于 100 mL 水中，如溶液浑浊，可滴加少量 HCl 溶液。

25. 二苯硫腙

溶解 0.1 g 二苯硫腙于 100 mL CCl_4或 $CHCl_3$中。

26. 二苯碳酰二肼丙酮溶液(0.25%)

称取 0.25 g 二苯碳酰二肼，溶于 100 mL 丙酮。

27. 喹钼柠酮混合溶液沉淀剂

溶液 1　称取 70 g 钼酸钠，溶于 150 mL 蒸馏水中。

溶液 2　称取 60 g 柠檬酸，溶于 85 mL 硝酸和 150 mL 蒸馏水的混合液中，冷却。

溶液 3　在不断搅拌下将溶液 1 慢慢加至溶液 2 中。

溶液 4　取喹啉 5 mL，溶于 35 mL 浓硝酸和 100 mL 蒸馏水的混合液中。然后不断搅拌下将溶液 4 缓缓加至溶液 3 中，混匀，放置暗处 24 h 后，过滤。在溶液中加入丙酮 280 mL（如试样中不含铵离子，也可不加丙酮），用水稀释至 1 L，混匀后贮存于聚乙烯瓶中，放置暗处备用。

28. 新鲜氯水

通 Cl_2 于蒸馏水中至饱和为止（新制）。

29. 银氨溶液

称取 0.17 g $AgNO_3$ 溶于 17 mL 浓氨水，再稀释至 1 L。

30. 过氧化氢（3%）

100 mL 浓 H_2O_2 溶液（30%）用水稀释至 1 L。

31. 百里酚蓝（0.1%）

称取 0.1 g 百里酚蓝与 4.3 mL 0.05 $mol \cdot L^{-1}$ NaOH 溶液一起研匀，加水稀释至 100 mL。

32. 溴酚蓝（0.1%）

称取 0.1 g 溴酚蓝与 3 mL 0.05 $mol \cdot L^{-1}$ NaOH 溶液一起研匀，加水稀释至 100 mL。

33. 中性红（0.1%）

将 0.1 g 中性红溶于 60 mL 乙醇中，加水至 100 mL。

34. 百里酚酞（0.1%）

将 0.1 g 百里酚酞溶于 90 mL 乙醇中，加水至 100 mL。

35. 甲基红-溴甲酚绿

3 份 0.1%溴甲酚绿乙醇溶液与 1 份 0.2%甲基红乙醇溶液混合。

36. 二苯胺（1%）

将 1 g 二苯胺在搅拌下溶于 100 mL 硫酸和 100 mL 浓磷酸，贮于棕色瓶中。

37. 铬酸钾

5%的水溶液。

38. 荧光黄（0.5%）

0.50 g 荧光黄溶于乙醇中，并用乙醇稀释至 100 mL。

39. 二甲酚橙（0.1%）

将 0.1 g 二甲酚橙溶于 100 mL 蒸馏水中。

40. K-B 指示剂

将 0.5 g 酸性铬蓝 K 加 1.25 g 萘酚绿 B，再加 25 g K_2SO_4 研细，混匀。

附 表

附表 1 常用浓酸、浓碱的密度和浓度

试剂名称	密度/(g·mL^{-1})	ω/%	c/(mol·l^{-1})
盐酸(HCl)	1.18～1.19	36～38	11.6～12.4
硝酸(HNO_3)	1.39～1.40	65.0～68.0	14.4～15.2
硫酸(H_2SO_4)	1.83～1.84	95～98	17.8～18.4
磷酸(H_3PO_4)	1.69	85	14.6
高氯酸($HClO_4$)	1.68	70.0～72.0	11.7～12.0
冰醋酸(CH_3COOH)	1.05	99.8(G.R.) 99.0(A.R.、C.P.)	17.4
氢氟酸(HF)	1.13	40	22.5
氢溴酸(HBr)	1.49	47	8.6
氨水($NH_3 \cdot H_2O$)	0.88～0.90	25.0～28.0	13.3～14.8
稀氢氧化钠($NaOH$)	1.22	20	6

附表 2 常用基准物质及其干燥条件与应用

基准物质		干燥后组成	干燥条件 t/℃	标定对象
名称	分子式			
碳酸氢钠	$NaHCO_3$	Na_2CO_3	270～300	酸
碳酸钠	$Na_2CO_3 \cdot 10H_2O$	Na_2CO_3	270～300	酸
硼砂	$Na_2B_4O_7 \cdot 10H_2O$	$Na_2B_4O_7 \cdot 10H_2O$	放在含 NaCl 蔗糖饱和液的干燥器中	酸
碳酸氢钾	$KHCO_3$	K_2CO_3	270～300	酸
草酸	$H_2C_2O_4 \cdot 2H_2O$	$H_2C_2O_4 \cdot 2H_2O$	室温空气干燥	碱或 $KMnO_4$
邻苯二甲酸氢钾	$KHC_8H_4O_4$	$KHC_8H_4O_4$	110～120	碱
重铬酸钾	$K_2Cr_2O_7$	$K_2Cr_2O_7$	140～150	还原剂
溴酸钾	$KBrO_3$	$KBrO_3$	130	还原剂
碘酸钾	KIO_3	KIO_3	130	还原剂
铜	Cu	Cu	室温干燥器中保存	还原剂

续附表 2

基准物质		干燥后组成	干燥条件 t/℃	标定对象
名称	分子式			
三氧化二砷	As_2O_3	AS_2O_3	室温干燥器中保存	氧化剂
草酸钠	$Na_2C_2O_4$	$Na_2C_2O_4$	130	氧化剂
碳酸钙	$CaCO_3$	$CaCO_3$	110	EDTA
锌	Zn	Zn	室温干燥器中保存	EDTA
氧化锌	ZnO	ZnO	900～1000	EDTA
氯化钠	NaCl	NaCl	500～600	$AgNO_3$
氯化钾	KCl	KCl	500～600	$AgNO_3$
硝酸银	$AgNO_3$	$AgNO_3$	280～290	氯化物
氨基磺酸	$HOSO_2NH_2$	$HOSO_2NH_2$	在真空 H_2SO_4 干燥器中保存 48 h	碱
氟化钠	NaF	NaF	铂坩埚中 500～500℃下保存 40～50 min 后，H_2SO_4 干燥器中冷却	

附表 3　常用熔剂和坩埚

熔剂(混合熔剂)名称	所用熔剂量(对试样量而言)	熔融用坩埚材料						熔剂的性质和用途
		铂	铁	镍	瓷	石英	银	
Na_2CO_3(无水)	6～8 倍	+	+	+	—	—	—	碱性熔剂，用于分析酸性矿渣黏土，耐火材料，不溶于酸的残渣，难溶性硫酸盐等
Na_2CO_3	12～14 倍	+	+	+	—	—	—	碱性熔剂，用于分析酸性矿渣黏土，耐火材料，不溶于酸的残渣，难溶性硫酸盐等
Na_2CO_3-K_2CO_3 (1∶1)	6～8 倍	+	+	+	—	—	—	碱性熔剂，用于分析酸性矿渣黏土，耐火材料，不溶于酸的残渣，难溶性硫酸盐等
Na_2CO_3-KNO_3 (6∶0.5)	8～10 倍	+	+	+	—	—	—	碱性氧化熔剂，用于测定矿石中的总 S、As、Cr、V、分离 V、Cr 等物中的 Ti
$KNaCO_3$～$Na_2B_4O_7$ (3∶2)	10～12 倍	+	—	—	丨	丨	—	碱性氧化熔剂，用于分析铬铁矿、钛铁矿等
Na_2CO_3-MgO (2∶1)	10～14 倍	+	+	+	+	+	—	碱性氧化熔剂，用于分解铁合金、铬铁矿等

续附表 3

熔剂(混合熔剂)名称	所用熔剂量(对试样量而言)	熔融用坩埚材料						熔剂的性质和用途
		铂	铁	镍	瓷	石英	银	
Na_2CO_3-ZnO (2:1)	8~10 倍	—	—	—	+	+	—	碱性氧化熔剂,用于测定矿石中的硫
Na_2O_2	6~8 倍	—	+	+	—	—	—	碱性氧化熔剂,用于测定矿石和铁合金中的 S、Cr、V、Mn、Si、P 辉钼矿中的 Mo 等
NaOH(KOH)	8~10 倍	—	+	+	—	—	+	碱性熔剂,用以测定锡石中的 Sn,分解硅酸盐等
$KHSO_4$($K_2S_2O_7$)	12~14 (8~12)倍	+	—	—	+	+	—	碱性熔剂,用以分解硅酸盐、钨矿石。熔融 Ti、Al、Fe、Cu 等的氧化物
Na_2CO_3:粉末结晶硫黄 (1:1)	8~12 倍	—	—	—	+	+	—	碱性熔剂,用于自铅、铜、银等中分离钼、锑、砷、锡;分解有色矿石烘烧后的产品,分离钛和钒等
硼酸酐(熔融、研细)	5~8 倍	+	—	—	—	—	—	主要用于分解硅酸盐(当测定其中的碱金属时

注:"+"可以进行熔融,"-"不能用以熔融,以免损坏坩埚,近年来采用聚四氟乙烯坩埚代替铂器皿用于氢氟酸熔样。

附表 4 相对原子质量表

(IUPAC,1993 年公布)

符号	名称	相对原子质量	符号	名称	相对原子质量	符号	名称	相对原子质量	符号	名称	相对原子质量
Ac	锕	[227]	Er	铒	167.26	Mn	锰	54.938 05	Ru	钌	101.07
Ag	银	107.8682	Es	锿	[254]	Mo	钼	95.94	S	硫	32.066
Al	铝	26.98154	Eu	铕	151.965	N	氮	14.00674	Sb	锑	121.760
Am	镅	[243]	F	氟	18.9984032	Na	钠	22.989768	Sc	钪	44.955910
Ar	氩	39.948	Fe	铁	55.845	Nb	铌	92.90638	Se	硒	78.96
As	砷	74.92159	Fm	镄	[257]	Nd	钕	144.24	Si	硅	28.0855
At	砹	[210]	Fr	钫	[223]	Ne	氖	20.1797	Sm	钐	150.36
Au	金	196.96654	Ga	镓	69.723	Ni	镍	58.6934	Sn	锡	118.710
B	硼	10.811	Gd	钆	157.25	No	锘	[254]	Sr	锶	87.62
Ba	钡	137.327	Ge	锗	72.61	Np	镎	237.0482	Ta	钽	180.9479
Be	铍	9.012182	H	氢	1.00794	O	氧	15.9994	Tb	铽	158.92534

续附表 4

元素		相对原子质量	元素		相对原子质量	元素		相对原子质量	元素		相对原子质量
符号	名称		符号	名称		符号	名称		符号	名称	
Bi	铋	208.98037	He	氦	4.002602	Os	锇	190.23	Tc	锝	98.9062
Bk	锫	[247]	Hf	铪	178.49	P	磷	30.973762	Te	碲	127.60
Br	溴	79.904	Hg	汞	200.59	Pa	镤	231.03588	Th	钍	232.0381
C	碳	12.011	Ho	钬	164.93032	Pb	铅	207.2	Ti	钛	47.867
Ca	钙	40.078	I	碘	126.90447	Pd	钯	106.42	Tl	铊	204.3833
Cd	镉	112.411	In	铟	114.818	Pm	钷	[145]	Tm	铥	168.93421
Ce	铈	140.115	Ir	铱	192.217	Po	钋	[~210]	U	铀	238.0289
Cf	锎	[251]	K	钾	39.0983	Pr	镨	140.90765	V	钒	50.9415
Cl	氯	35.4527	Kr	氪	83.80	Pt	铂	195.08	W	钨	183.84
Cm	锔	[247]	La	镧	138.9055	Pu	钚	[244]	Xe	氙	131.29
Co	钴	58.93320	Li	锂	6.941	Ra	镭	226.0254	Y	钇	88.9085
Cr	铬	51.9961	Lr	铹	[257]	Rb	铷	85.4678	Yb	镱	173.04
Cs	铯	132.90543	Lu	镥	174.967	Re	铼	186.207	Zn	锌	65.39
Cu	铜	63.546	Md	钔	[256]	Rh	铑	102.90550	Zr	锆	91.224
Dy	镝	162.50	Mg	镁	24.3050	Rn	氡	[222]			

附表 5　常用化合物的相对分子质量表

化合物	相对分子质量	化合物	相对分子质量	化合物	相对分子质量
Ag_3AsO_4	462.52	$CaCO_3$	100.09	$Cu(NO_3)_2 \cdot 3H_2O$	241.60
$AgBr$	187.77	CaC_2O_4	128.10	CuO	79.545
$AgCl$	143.32	$CaCl_2$	110.99	Cu_2O	143.09
$AgCN$	133.89	$CaCl_2 \cdot 6H_2O$	219.08	CuS	95.61
$AgSCN$	165.95	$Ca(NO_3)_2 \cdot 4H_2O$	236.15	$CuSO_4$	159.60
Ag_2CrO_4	331.73	$Ca_2(OH)_2$	74.09	$CuSO_4 \cdot 5H_2O$	249.68
AgI	234.77	$Ca_3(PO_4)_2$	310.18	$FeCl_2$	126.75
$AgNO_3$	169.87	$CaSO_4$	136.14	$FeCl_2 \cdot 4H_2O$	198.75
$AlCl_3$	133.34	$CdCO_3$	172.42	$FeCl_3$	162.21
$AlC_3 \cdot 6H_2O$	241.43	$CdCl_2$	183.32	$FeCl_3 \cdot 6H_2O$	270.30
$Al(NO_3)_3$	213.00	CdS	144.47	$FeNH_4(SO_4)_2 \cdot 12H_2O$	482.18
$Al(NO_3)_3 \cdot 9H_2O$	375.13	$Ce(SO_4)_2$	332.24	$Fe(NO_3)_3$	241.86
Al_2O_3	101.96	$Ce(SO_4)_2 \cdot 4H_2O$	404.30	$Fe(NO_3)_3 \cdot 9H_2O$	404.00
$Al(OH)_3$	78.00	$CoCl_2$	129.84	FeO	71.846

续附表 5

化合物	相对分子质量	化合物	相对分子质量	化合物	相对分子质量
$Al_2(SO_4)_3$	342.14	$CoCl_2 \cdot 6H_2O$	237.93	Fe_2O_3	159.69
$Al_2(SO_4) \cdot 18H_2O$	666.41	$Co(NO_3)_2$	183.94	Fe_3O_4	231.54
As_2O_3	197.84	$Co(NO_3)_2 \cdot 6H_2O$	291.03	$Fe(OH)_3$	106.87
As_2O_5	229.84	CoS	90.99	FeS	87.91
As_2S_3	246.02	$CoSO_4$	154.99	Fe_2S_3	207.87
$BaCO_3$	197.34	$CoSO_4 \cdot 7H_2O$	281.10	$FeSO_4$	151.90
BaC_2O_4	225.35	$Co(NH_2)_2$	60.06	$FeSO_4 \cdot 7H_2O$	278.01
$BaCl_2$	208.24	$CrCl_3$	158.35	$FeSO_4 \cdot (NH_4)_2SO_4 \cdot 6H_2O$	392.13
$BaCl_2 \cdot 2H_2O$	244.27	$CrCl_3 \cdot 6H_2O$	266.45	H_3AsO_3	125.94
$BaCrO_4$	253.32	$Cr(NO_3)_3$	238.01	H_3AsO_4	141.94
BaO	153.33	Cr_2O_3	151.99	H_3BO_3	61.83
$Ba(OH)_2$	171.34	$CuCl$	98.999	HBr	80.912
$BaSO_4$	233.39	$CuCl_2$	134.45	HCN	27.026
$BiCl_3$	315.34	$CuCl_2 \cdot 2H_2O$	170.48	$HCOOH$	46.026
$BiOCl$	260.43	$CuSCN$	121.62	CH_3COOH	60.025
CO_2	44.01	CuI	190.45	H_2CO_3	62.025
CaO	56.08	$Cu(NO_3)_2$	187.56	HCO	90.035
$H_2C_2O_4 \cdot 2H_2O$	126.07	$K_2Cr_2O_7$	294.18	MnS	87.00
HCl	36.461	$K_3Fe(CN)_6$	329.25	$MnSO_4$	151.00
HF	20.006	$K_4Fe(CN)_6$	368.35	$MnSO_4 \cdot 4H_2O$	223.06
HI	127.91	$KFe(SO_4)_2 \cdot 12H_2O$	503.24	NO	30.006
HIO_3	175.91	$KHC_2O_4 \cdot H_2O$	146.14	NH_3	46.006
HNO_3	63.013	$KHC_2O_4 H_2C_2O_2$		NH_3	17.03
HNO_3	47.013	$2H_2O$	254.19	CH_3COONH_4	77.083
H_2O	18.015	$KHC_4H_4O_6$	188.18	NH_4Cl	53.491
H_2O_2	34.015	$KHSO_4$	136.16	$(NH_4)_2CO_3$	96.086
H_2PO_4	97.995	KI	166.00	$(NH_4)_2C_2O_4$	124.10
H_2S	34.08	KIO_3	214.00	$(NH_4)_2C_2O_4 \cdot H_2O$	142.11
H_2SO_3	82.07	$KIO_3 \cdot HIO_3$	389.91	NH_4SCN	76.12
H_2SO_4	98.07	$KMnO_4$	158.03	NH_4HCO_3	79.055
$Hg(CN)_2$	252.63	$KNaC_4H_4O_6 \cdot 4H_2O$	282.22	$(NH_4)_2MoO_4$	196.01
$HgCl_2$	271.50	KNO_3	101.10	NH_4NO_3	80.043
Hg_2Cl_2	472.09	KNO_3	85.104	$(NH_4)_2HPO_4$	132.06
HgI_2	454.40	K_2O	94.196	$(NH_4)_2S$	68.14
$Hg_2(NO_3)_2$	525.19	KOH	56.106	$(NH_4)_2SO_4$	132.13
$Hg_2(NO_3)_2 \cdot 2H_2O$	561.22	K_2SO_4	174.25	NH_4VO_3	116.98
$Hg(NO_3)_2$	324.60	$MgCO_3$	84.314	Na_2AsO_3	191.89

续附表 5

化合物	相对分子质量	化合物	相对分子质量	化合物	相对分子质量
HgO	216.59	$MgCl_2$	95.211	$Na_2B_4O_7$	201.22
HgS	232.65	$MgCl_2 \cdot 6H_2O$	203.30	$NaB_4O_7 \cdot 10H_2O$	381.37
Hg_2SO_4	296.65	MgC_2O_4	112.33	$NaBiO_3$	279.97
Hg_2SO_4	497.24	$Mg(NO_3)_2 \cdot 6H_2O$	256.41	NaCN	49.007
$KAl(SO_4)_2 \cdot 12H_2O$	474.38	$MgNH_4PO_4$	137.32	NaSCN	81.07
KBr	119.00	MgO	40.304	Na_2CO_3	105.99
$KBrO_3$	167.00	$Mg(OH)_2$	58.32	$Na_2CO_3 \cdot 10H_2O$	286.14
KCl	74.551	$Mg_2P_2O_7$	222.55	$Na_2C_2O_4$	134.00
$KClO_3$	122.55	$MgSO_4 \cdot 7H_2O$	246.47	CH_3COONa	82.034
$KClO_4$	138.55	$MnCO_3$	114.95	$CH_3COONa \cdot 3H_2O$	136.08
KCN	65.116	$MnCl_2 \cdot 4H_2O$	197.91	NaCL	58.443
KSCN	97.18	$Mn(NO_3)_2 \cdot 6H_2O$	287.04	NaClO	74.442
K_2CO_3	138.21	MnO	70.937	$NaHCO_3$	84.007
K_2CrO_4	194.19	MnO_2	86.937	$Na_2HPO_4 \cdot 12H_2O$	358.14
$Na_2H_2Y \cdot 2H_2O$	372.24	$PbCrO_4$	323.20	SnO_2	150.71
$NaNO_2$	68.995	$Pb(CH_3COO)_2$	325.30	SnS	150.776
$NaNO_3$	84.995	$Pb(CH_3COO)_2 \cdot 3H_2O$	379.30	$SrCO_3$	147.63
Na_2O	61.979	PnI_2	461.00	SrC_2O_4	175.64
Na_2O_2	77.978	$Pb(NO_3)_2$	331.20	$SrCrO_4$	203.61
NaOH	39.997	PbO	223.20	$Se(NO_3)_2$	211.63
Na_3PO_4	163.94	PbO_2	239.20	$Sr(NO_3)_2 \cdot 4H_2O$	283.69
Na_2S	78.04	$Pb_3(PO_4)_2$	811.54	$SrSO_4$	183.68
$Na_2S \cdot 9H_2O$	240.18	PbS	239.30	$UO_2(CH_3COO)_2 \cdot 2H_2O$	424.15
Na_2SO_3	126.04	$PbSO_4$	303.30	$ZnCO_3$	125.39
Na_2SO_4	142.04	SO_3	80.06	ZnC_2O_4	153.40
$Na_2S_2O_3$	158.10	SO_2	64.06	$ZnCl_2$	136.29
$Na_2S_2O_3 \cdot 5H_2O$	248.17	$SbCl_3$	228.11	$Zn(CH_3COO)_2$	183.47
$NiCl_2 \cdot 6H_2O$	237.69	$SbCl_5$	299.02	$Zn(CH_3COO)_2 \cdot 2H_2O$	219.50
NiO	74.69	Sb_2O_3	291.50	$Zn(NO_3)_2$	189.39
$Ni(NO_3)_2 \cdot 6H_2O$	290.79	Sb_3S_3	339.68	$Zn(NO_3)_2 \cdot 6H_2O$	297.48
NiS	90.75	SiF_4	104.08	ZnO	81.38
$NiSO_4 \cdot 7H_2O$	280.85	SiO_2	60.084	ZnS	97.44
P_2O_5	141.94	$SnCl_2$	189.62	$ZnSO_4$	161.44
$PbCO_3$	267.20	$SnCl_2 \cdot 2H_2O$	225.65	$ZnSO_4 \cdot 7H_2O$	287.54
PbC_2O_4	295.22	$SnCl_4$	260.65		
$PbCl_2$	278.10	$SnCl_4 \cdot 5H_2O$	350.596		

附表6 滤纸及其使用

附表6-1 国产滤纸的规格

编　号	102	103	105	120
类　别	定量滤纸			
灰　分	0.02 mg/张			
滤速/[s·(100 mL)$^{-1}$]	60～100	100～160	160～200	200～240
滤速区别	快速	中速	慢速	慢速
盒上包带标志	蓝	白	红	橙
实　例	$Fe(OH)_3$ $Al(OH)_3$	H_2SiO_3 CaC_2O_4	$BaSO_4$	
编　号	127	209	211	214
类　别	定性滤纸			
灰　分	0.2 mg/张			
滤速/[s·(100 mL)$^{-1}$]	60～100	100～160	160～200	200～240
滤速区别	快速	中速	慢速	慢速
盒上包带标志	蓝	白	红	橙
实　例				

附表6-2 玻璃砂芯滤器规格及用途

滤板代号	滤板孔长/μm	一般用途
G1	20～30	过滤胶状沉淀
G2	10～15	过滤粗颗粒沉淀
G3	4.9～9	过滤细沉淀
G4	3～4	过滤中细或极细沉淀
G5	1.2～2.5	过滤较大杆菌及酵母菌
G6	1.5以下	过滤1.4～0.6 μm病菌

附表6-3 玻璃滤器*的化学洗涤液

过滤沉淀物	有效洗涤液
脂肪	CCl_3 或适当的有机溶剂
黏胶、葡萄糖	盐酸，热氨水，5%～10%碱液，或热硫酸和硝酸的混合酸
有机物质	热铬酸洗液，或含有少量 KNO_3 和 $KClO_4$ 的浓硫酸，放置过夜

续附表 6-3

过滤沉淀物	有效洗涤液
$BaSO_4$	100℃浓酸酸，或含 EDTA 的氨溶液，浸泡
汞渣	热浓硝酸
HgS	热王水
AgCl	$NH_3 \cdot H_2O$ 或 $Na_2S_2O_3$ 溶液
铝和硅化合物残渣	先用 2%氢氟酸洗涤，然后用浓硫酸洗涤，立即用水洗，再用丙酮重复漂洗，至无酸痕为止。

* 新玻璃滤器使用前应先以热盐酸或铬酸洗液抽滤一次，并随即用水冲洗干净，使滤器中可能存在的灰尘杂质完全清除干净。每次用毕或经一定时间使用后，都必须进行有效的洗涤处理，以免因沉淀物堵塞而影响过滤功效。玻璃滤器不宜用于过滤浓氢氟酸，热浓磷酸，热或冷的浓碱液，以免滤板的微粒被溶解，使滤孔扩大，或滤板脱裂，玻璃滤器不能用以过滤加过活性炭的溶液。

附表 7　常用洗涤剂

名称	配制方法	备注
合成洗涤剂*	将合成洗涤剂粉用热水搅拌配成浓溶液	用于一般的洗涤
皂角水	将皂角捣碎，用水熬成溶液	用于一般的洗涤
铬酸洗液**	取 $K_2Cr_2O_7$(L. R)20 g 于 500 mL 烧杯中，加水 40 mL，加热溶解，冷却后，缓缓加入 320 mL 粗浓 H_2SO_4 即成（注意边加边搅），储存于磨口细口瓶中	用于洗涤油污及有机物，使用时防止被水稀释，用后倒回原瓶，可反复使用，直至溶液变为绿色
$KMnO_4$ 碱性洗液	取 $KMnO_4$ 4 g，溶于少量水中，缓缓加入 100 mL NaOH 溶液	用于洗涤油污及有机物，洗后玻璃壁上附着的 MnO_2 沉淀，可用粗亚铁盐或 Na_2SO_3 溶液洗去
碱性酒精溶液	30%～40%NaOH 酒精溶液	用于洗涤油污
酒精—浓硝酸洗液		用于洗液沾有有机物或油污的结构较复杂的仪器。洗涤时先加少量酒精于脏仪器中，再加入少量浓硝酸，即产生大量棕色 NO_2，将有机物氧化而破坏

* 也可用肥皂水。

** 已还原为绿色的铬酸洗液，可加入固体 $KMnO_4$，使其再生。这样，实际消耗的是 $KMnO_4$，可减少铬对环境的污染。

附表 8 缓冲溶液

附表 8-1 不同温度下标准缓冲溶液的 pH

温度/℃	(1)	(2)	(3)	(4)	(5)	(6)	(7)
	0.05 mol·L^{-1} 草酸三氢钾	25℃饱和酒石酸氢钾	0.05 mol·L^{-1} 邻苯二甲酸氢钾	0.025 mol·L^{-1} KH_2PO_4 0.025 mol·L^{-1} Na_2HPO_4	0.008695 mol·L^{-1} KH_2PO_4 0.030 43 mol·L^{-1} Na_2HPO_4	0.01 mol·L^{-1} 硼砂	25℃饱和氢氧化钙
0	1.666	—	4.003	6.984	7.534	9.464	13.423
5	1.668	—	3.999	6.951	7.500	9.395	13.207
10	1.670	—	3.998	6.928	7.472	9.332	13.003
15	1.672	—	3.999	6.900	7.448	9.276	12.810
20	1.675	—	4.002	6.881	7.429	9.225	12.627
25	1.679	3.557	4.008	6.865	7.413	9.180	12.454
30	1.683	3.552	4.015	6.853	7.400	9.139	12.289
35	1.688	3.549	4.024	6.844	7.389	9.102	12.133
38	1.691	3.548	4.030	6.840	7.384	9.081	12.043
40	1.694	3.547	4.035	6.838	7.380	9.068	11.984
45	1.700	3.547	4.047	6.834	7.373	9.038	11.841
50	1.707	3.549	4.060	6.833	7.367	9.011	11.705
55	1.715	3.554	4.075	6.834	—	8.985	11.574
60	1.723	3.560	4.091	6.836	—	8.962	11.449
70	1.743	3.580	4.126	6.845	—	8.921	—
80	1.766	3.609	4.164	6.859	—	8.885	—
90	1.792	3.650	4.205	6.877	—	8.850	—
95	1.806	3.674	4.227	6.886	—	8.833	—

附表 8-2　缓冲溶液的配制方法

pH 0.65～5.2		pH 1.0～2.2		pH 1.04～3.68			pH 1.04～4.96			pH 2.2～3.8	
NaAC＋HCl		KCl＋HCl		甘氨酸＋HCl			柠檬酸钠＋HCl			邻苯二甲酸氢钾＋HCl	
于 50 mL 1 mol·L^{-1} NaAc 中添加 1 mol·L^{-1} HCl，再加水至 250 mL		于 50 mL 0.2 mol·L^{-1} KCl 液中添加 0.2 mol·L^{-1} HCl 溶液，再加水至 200 mL		混合下列溶液：①用 0.1 mol·L^{-1} NaCl 溶液配制 0.1 mol·L^{-1} 甘氨酸溶液；②0.1 mol·L^{-1} HCl 溶液。			此溶液由下列成分组成：①0.1 mol·L^{-1} 柠檬酸二钠溶液；②0.1 mol·L^{-1} HCl 溶液			于 50 mL 1 mol·L^{-1} 邻苯二甲酸氢钾溶液中添加 0.1 mol·L^{-1} HCl，再加水至 100 mL。	
pH	所加 HCl/mL	pH	所加 HCl/mL	pH	甘氨酸体积/mL	所加 HCl/mL	pH	柠檬酸盐体积/mL	所加 HCl/mL	pH	所加 HCl/mL
0.65	100	1.0	97	1.04	0	10	1.04	0	10	2.0	46.7
0.75	90	1.2	64.5	1.15	1	9	1.17	1	9	2.4	39.6
0.91	80	1.4	41.5	1.25	2	8	1.42	2	8	2.6	32.95
1.09	70	1.6	26.3	1.42	3	7	1.92	3	7	2.8	26.42
1.24	65	1.8	16.6	1.65	4	6	2.27	3.33	6.67	3.0	20.32
1.42	60	2.0	10.6	1.93	5	5	2.97	4	6	3.2	14.7
1.71	55	2.2	6.7	2.28	6	4	3.36	4.5	5.5	3.4	9.90
1.85	53.5	—	—	2.61	7	3	3.53	4.75	5.25	3.6	5.97
1.99	52.5	—	—	2.92	8	2	3.69	5	5	3.8	2.63
2.32	51	—	—	3.34	9	1	3.95	5.5	4.5	—	—
2.64	50	—	—	3.68	9.5	0.5	4.16	6	4	—	—
2.72	49.75	—	—	—	—	—	4.45	7	3	—	—
3.09	48.5	—	—	—	—	—	4.65	8	2	—	—
							4.83	9	1		
3.29	47.5	—	—	—	—	—	4.89	9.5	0.5	—	—
3.49	46.25	—	—	—	—	—	4.96	10	0	—	—
3.61	45	—	—	—	—	—	—	—	—	—	—
3.79	42.5										
3.95	40	—	—	—	—	—	—	—	—	—	—
4.19	35	—	—	—	—	—	—	—	—	—	—
4.39	30	—	—	—	—	—	—	—	—	—	—
4.58	25	—	—	—	—	—	—	—	—	—	—
4.76	20	—	—	—	—	—	—	—	—	—	—
4.95	15	—	—	—	—	—	—	—	—	—	—
5.20	10	—	—	—	—	—	—	—	—	—	—

续附表 8-2

pH 2.2～3.6		pH 3.8～6		pH 2.2～8			pH 3～5.8			pH 3.72～5.57		
柠檬酸盐＋HCl		柠檬酸盐＋NaOH		Na_2HPO_4＋柠檬酸			琥珀酸＋硼砂			NaAc＋HAc		
于 50 mL 1 $mol·L^{-1}$柠檬酸钾溶液中添加 0.1 $mol·L^{-1}$ HCl，再加水至 100 mL		于 50 mL 0.1 $mol·L^{-1}$柠檬酸钾溶液中添加 0.1 $mol·L^{-1}$ NaOH 再加水至 100 mL		混合下列溶液：①0.2 $mol·L^{-1}$ Na_2HPO_4溶液；②0.1 $mol·L^{-1}$柠檬酸溶液			混合下列溶液：①0.05 $mol·L^{-1}$琥珀酸；②0.05 $mol·L^{-1}$硼砂			混合下列溶液：①0.2 $mol·L^{-1}$ HAc；②0.2 $mol·L^{-1}$NaAc		
pH	所加 HCl/mL	pH	所加 NaOH/mL	pH	Na_2HPO_4体积/mL	柠檬酸体积/mL	pH	琥珀酸体积/mL	硼砂体积/mL	pH	HAc 体积/mL	NaAc 体积/mL
2.2	49.7	3.8	2.0	2.2	0.4	19.6	3.0	9.86	0.14	3.72	9.0	1.0
2.4	43.4	4.0	9.0	2.4	1.24	18.76	3.2	9.65	0.35	4.05	8.0	2.0
2.6	36.8	4.2	16.3	2.6	2.18	17.82	3.4	9.4	0.60	4.27	7.0	3.0
2.8	30.2	4.4	23.7	2.8	3.17	16.83	3.6	9.05	0.95	4.45	6.0	4.0
3.0	23.6	4.6	31.5	3.0	4.11	15.89	3.8	8.63	1.37	4.63	5.0	5.0
3.2	17.2	4.8	39.2	3.2	4.94	15.06	4.0	8.22	1.78	4.8	4.0	6.0
3.4	10.7	5.0	46.7	3.4	5.70	14.30	4.2	7.78	2.22	4.99	3.0	7.0
3.6	4.2	5.2	54.2	3.6	6.44	13.56	4.4	7.38	2.62	5.23	2.0	8.0
—	—	5.4	61.0	3.8	7.10	12.90	4.6	7.0	3.0	5.37	1.5	8.5
—	—	5.6	98.0	4.0	7.71	12.29	4.8	6.65	3.35	5.57	1.0	9.0
—	—	5.8	74.4	4.2	8.28	11.72	5.0	6.32	3.68	—	—	—
—	—	6.0	81.2	4.4	8.82	11.18	5.2	6.05	3.95	—	—	—
—	—	—	—	4.6	9.35	10.65	5.4	5.79	4.21	—	—	—
—	—	—	—	4.8	9.96	10.04	5.6	5.57	4.43	—	—	—
	—	—	—	5.0	10.30	9.70	5.8	5.4	4.6	—	—	—
—	—	—	—	5.2	10.72	9.28	—	—		—	—	—
—	—	—	—	5.4	11.15	8.85	—	—	—	—	—	—
—	—	—	—	5.6	11.60	8.40	—	—	—	—	—	—
—	—	—	—	5.8	12.09	7.91	—	—	—	—	—	—
—	—	—	—	6.0	12.63	7.37	—	—	—	—	—	—
—	—	—	—	6.2	13.22	6.78	—	—	—	—	—	—
—	—	—	—	6.4	13.85	6.15	—	—	—	—	—	—
—	—	—	—	6.6	14.55	5.45	—	—	—	—	—	—
—	—	—	—	6.8	15.45	4.55	—	—	—	—	—	—
—	—	—	—	7.0	16.47	3.53	—	—	—	—	—	—
—	—	—	—	7.2	17.39	2.61	—	—	—	—	—	—
—	—	—	—	7.4	18.17	1.83	—	—	—	—	—	—
—	—	—	—	7.6	18.73	1.27	—	—	—	—	—	—
—	—	—	—	7.8	19.15	0.85	—	—	—	—	—	—
—	—	—	—	8.0	19.45	0.55	—	—	—	—	—	—

续附表 8-2

pH 4.0～6.2		pH 4.96～6.33					pH 5.8～8.0		pH 5.8～9.2*			pH 5.91～8.04*		
邻苯二甲酸氢钾＋NaOH		柠檬酸钠＋NaOH					KH_2PO_4＋NaOH		KH_2PO_4＋硼砂			NaH_2PO_4 Na_2HPO_4		
于 50 mL 1 $mol\cdot L^{-1}$ 邻苯二甲酸氢钾溶液中添加 0.1 $mol\cdot L^{-1}$ NaOH 溶液，再加水至 100 mL		混合下列溶液： ①0.1 $mol\cdot L^{-1}$ 柠檬酸钠； ②0.1 $mol\cdot L^{-1}$ NaOH					于 50 mL 0.1 $mol\cdot L^{-1}$ KH_2PO_4 溶液中，添加 0.1 $mol\cdot L^{-1}$ NaOH 溶液，再加水至 100 mL		混合下列溶液： ①0.1 $mol\cdot L^{-1}$ KH_2PO_4 ②0.2 $mol\cdot L^{-1}$ 硼砂			将 1/15 $mol\cdot L^{-1}$ NaH_2PO_4 溶液与 1/15 $mol\cdot L^{-1}$ Na_2HPO_4 溶液混合		
pH	所加 NaOH 体积/mL	柠檬酸钠体积/mL	NaOH 体积/mL	pH 10℃	pH 20℃	pH 40℃	pH	NaOH 体积/mL	pH	KH_2PO_4 体积/mL	硼砂体积/mL	pH	NaH_2PO_4 体积/mL	Na_2HPO_4 体积/mL
4.0	0.40	10.0	0	4.93	4.96	5.05	5.8	3.72	5.8	9.21	0.79	5.91	9	1
4.2	3.7	9.5	0.5	4.99	5.02	5.1	6.0	5.7	6.0	8.77	1.23	6.24	8	2
4.4	7.5	9.0	1.0	5.08	5.11	5.19	6.2	8.6	6.2	8.30	1.70	6.47	7	3
4.6	12.15	8.0	2.0	5.27	5.31	5.39	6.4	12.6	6.4	7.78	2.22	6.64	6	4
4.8	17.7	7.0	3.0	5.5	5.57	5.64	6.6	17.8	6.6	7.22	2.78	6.81	5	5
5.0	23.85	6.0	4.0	5.97	5.97	6.04	6.8	23.65	6.8	6.67	3.33	6.98	4	6
5.2	29.95	5.5	4.5	6.3	6.33	6.41	7.0	29.63	7.0	6.23	3.77	7.17	3	7
5.4	35.45	—	—	—	—	—	7.2	35	7.2	5.81	4.19	7.38	2	8
5.6	39.80	—	—	—	—	—	7.4	39.5	7.4	5.50	4.50	7.73	1	9
5.8	43.00	—	—	—	—	—	7.6	42.8	7.6	5.17	4.83	8.04	0.5	9.5
6.0	45.45	—	—	—	—	—	7.8	45.2	7.8	4.92	5.08	—	—	—
6.2	47.00	—	—	—	—	—	8.0	46.8	8.0	4.65	5.35	—	—	—
—	—	—	—	—	—	—	—	—	8.2	4.30	5.70	—	—	—
—	—	—	—	—	—	—	—	—	8.2	4.30	5.70	—	—	—
—	—	—	—	—	—	—	—	—	8.4	3.87	6.13	—	—	—
—	—	—	—	—	—	—	—	—	8.6	3.40	6.60	—	—	—
—	—	—	—	—	—	—	—	—	8.8	2.74	7.24	—	—	—
—	—	—	—	—	—	—	—	—	9.0	1.75	8.25	—	—	—
—	—	—	—	—	—	—	—	—	9.2	0.5	9.5	—	—	—

* 在温度 10～70℃的情况下。

续附表 8-2

pH 6.8～9.6			pH 6.77～9.24			pH 7.62～9.24					pH 7.81～10.0*	
佛罗那钠盐＋HCl			硼酸＋硼砂			硼砂＋HCl					硼砂＋NaOH	
将 1 mol·L^{-1}二乙基巴比土酸钠溶液（佛罗那钠盐）与 1 mol·L^{-1}HCl 混合			混合下列溶液：①0.05 mol·L^{-1}硼酸；②0.05 mol·L^{-1}硼砂			混合下列溶液：①0.05 mol·L^{-1}硼砂；②0.1 mol·L^{-1} HCl					于 50 mL 0.1 mol·L^{-1} HCl 配成的 0.1 mol·L^{-1}硼砂溶液中，添加 0.1 mol·L^{-1} NaOH 溶液，再加水至 100 mL	
pH	佛罗钠盐体积/mL	HCl体积/mL	pH	硼酸/体积/mL	硼砂体积/mL	pH 10℃	pH 20℃	pH 40℃	硼砂体积/mL	HCl体积/mL	pH 20℃时	NaOH体积/mL
6.8	5.22	4.78	6.77	9.7	0.3	7.64	7.62	7.55	5.25	4.75	7.8	2.61
7	5.36	4.64	6.9	9.4	0.6	7.96	7.94	7.86	5.5	4.5	8	3.97
7.2	5.54	4.46	7.36	9.0	1.0	8.17	8.14	8.06	5.75	4.25	8.2	5.9
7.4	5.81	4.19	7.6	8.5	1.5	8.32	8.29	8.19	6	4	8.4	8.5
7.6	6.15	3.85	7.78	8.0	2.0	8.54	8.51	8.40	6.5	3.5	8.6	12
7.8	6.62	3.38	7.94	7.5	2.5	8.72	8.68	8.56	7	3	8.8	16.3
8	7.16	2.84	8.08	7.0	3.0	8.84	8.80	8.67	7.5	2.5	9	21.3
8.2	7.69	2.31	8.22	6.5	3.5	8.96	8.91	8.77	8	2	9.2	26.7
8.4	8.23	1.77	8.41	5.5	4.5	9.06	9.01	8.86	8.5	1.5	9.4	32
8.6	8.71	1.29	8.6	4.5	5.5	9.14	9.09	8.94	9	1	9.6	36.85
8.8	9.08	0.92	8.69	4.0	6.0	9.22	9.17	9.01	9.5	0.5	9.8	40.8
9	9.36	0.64	8.84	3.0	7.0	9.3	8.24	9.08	10		10	43.9
9.2	9.52	0.48	8.98	2.0	8.0	—	—	—	—	—	—	—
9.4	9.74	0.26	9.11	1.0	9.0	—	—	—	—	—	—	—
9.6	9.85	0.15	9.24	0	10.0	—	—	—	—	—	—	—

* 在温度 10～70℃的情况下。

续附表 8-2

pH=8.24～10.14					pH=9.24～9.97					pH=10.7～11.36		pH=10.97～12.06	
甘氨酸+NaOH					硼砂+NaOH					Na_2CO_3+HCl		Na_2HPO_4+NaOH	
将 1 mol·L^{-1} 甘氨酸的 0.1 mol·L^{-1}NaOH 溶液与 0.1 mol·L^{-1} NaOH 混合					将 0.05 mol·L^{-1}硼砂溶液与 0.1 mol·L^{-1} NaOH 混合					于 50 mL 0.1 mol·L^{-1} Na_2CO_3 溶液中，添加 0.1 mol·L^{-1} HCl 溶液，再加水至 100 mL		于 50 mL 0.15 mol·L^{-1} Na_2HPO_4 溶液中，添加 0.1 mol·L^{-1} NaOH 溶液	
pH			甘氨酸体积/mL	NaOH 体积/mL	pH			硼砂体积/mL	NaOH 体积/mL	pH	HCl 体积/mL	pH	NaOH 体积/mL
10℃	18℃	40℃			10℃	18℃	40℃						
—	8.24	—	9.75	0.25	9.30	9.24	9.08	10	0	10.17	20	10.97	15
8.75	8.58	8.12	9.5	0.5	9.42	9.36	9.18	9	1	10.35	15	11.29	25
9.10	8.93	8.45	9	1	9.57	9.50	9.30	8	2	10.55	10	11.77	50
9.54	9.36	8.85	8	2	9.76	9.68	9.44	7	3	10.86	5	12.06	75
9.90	9.71	9.18	7	3	10.06	9.97	9.66	6	4	11.04	3	—	—
10.34	10.14	9.58	6	4	—	—	—	—	—	11.36	0	—	—

参考文献

[1] 武汉大学等三校. 分析化学实验. 4版. 北京：高等教育出版社，2001.

[2] 华中师范大学等四校. 分析化学实验. 3版. 北京：高等教育出版社，2001.

[3] 邓珍灵，等. 现代分析化学实验. 长沙：中南大学出版社，2002.

[4] 王英华，魏士刚，徐家宁. 基础化学实验化学分析实验分册. 2版. 北京：高等教育出版社，2015.

[5] 刘惠民. 分析化学实验. 北京：中国农业出版社，2009.

[6] 武汉大学. 分析化学实验. 上册. 5版. 北京：高等教育出版社，2011.

[7] 北京大学化学与分子工程学院分析化学教学组. 基础分析化学实验. 北京：北京大学出版社，2010，

[8] 庄京，林金明. 基础分析化学实验. 北京：高等教育出版社，2007.

[9] 武汉大学化学与分析科学学院实验中心. 仪器分析实验. 武汉：武汉大学出版社，2005.

[10] 古春秀. 分析化学与仪器分析实验. 北京：化学工业出版社，2012.

[11] 马全红，邱凤仙. 分析化学实验. 南京：南京大学出版社，2015.

[12] 四川大学化学工程学院，浙江大学化学系. 分析化学实验. 北京：高等教育出版社，2015.

[13] 金谷，姚奇志，江万权，等. 中国科大化学实验系列教材——分析化学实验. 合肥：中国科学技术大学出版社，2010.

[14] 北京大学化学与分子工程学院分析化学教学组. 北京大学化学实验类教材——基础分析化学实验. 3版. 北京：北京大学出版社，2010.

[15] Douglas A. Skoog，F. James Holler，Stanley R.，Crouch. Principles of Instrumental Analysis. Cengage Learning，2017.

[16] Maurice O. Iwunze. Laboratory Experiments in Analytical Chemistry. AuthorHouse，2005.